神奇的磁性液体

李德才 著

科学出版社
北京

内 容 简 介

磁性液体是一种既能像液体一样流动又能像固体磁性材料一样被磁场吸引的胶体溶液。将直径小于 10 纳米的固体磁性颗粒通过一定的技术手段使其均匀地分布于水、煤油等液体当中，就形成了磁性液体。磁性液体以其独特的性质，例如对磁场的响应特性、热学特性以及光学特征等，使其在工业、航空航天，甚至医学、艺术领域都有其独特的应用。本书用通俗的语言向人们介绍了神奇的磁性液体，揭开其神秘的面纱。

本书适合物理、力学、机械等专业相关领域本科生阅读学习，也适合中学生课外阅读拓宽知识面，对磁性液体有兴趣的科研工作者和一般爱好者亦可阅读。

图书在版编目（CIP）数据

神奇的磁性液体/李德才著. —北京：科学出版社，2016
ISBN 978-7-03-048827-5

Ⅰ. 神… Ⅱ. 李… Ⅲ. ①磁流体－普及读物 Ⅳ. ①TM27-49

中国版本图书馆 CIP 数据核字（2016）第 134246 号

责任编辑：钱　俊　周　涵/责任校对：彭　涛
责任印制：肖　兴/封面设计：金舵手世纪

科学出版社 出版
北京东黄城根北街16号
邮政编码：100717
http://www.sciencep.com

北京通州皇家印刷厂 印刷
科学出版社发行　各地新华书店经销

*

2016 年 11 月第 一 版　开本：720×1000　1/16
2018 年 1 月第三次印刷　印张：6 1/2
字数：80 000

定价：68.00 元
（如有印装质量问题，我社负责调换）

序

　　磁性液体是一种新型功能材料，它是将纳米尺度的磁性固体颗粒均匀地分散在基载液中而形成的稳定胶体溶液。磁性液体具有独特的磁流变、磁学、流体力学特性，在军工、航天、航空、机械、电子、真空等方面有着巨大的应用前景，被国内外学者认为是最具有发展潜力的新型功能材料之一。

　　二十多年来，李德才教授带领他的科研团队在磁性液体领域进行了深入的研究，取得了丰硕的成果。在磁性液体制备方面，先后制备了水基、煤油基、机油基、二酯基和氟醚油基等多种磁性液体，研制出耐酸、耐碱的氟醚油基磁性液体，填补了该种材料的国内空白；在磁性液体密封的理论方面，首次建立了低温大直径磁性液体旋转密封，磁性液体往复密封和磁性液体静密封的设计方法，揭示了磁性液体往复密封的失效机理，建立了往复轴磁性液体密封耐压及往复轴磁性液体被携带量公式；在磁性液体应用方面，在国内外首次成功解决了特殊领域的低温大直径及超大直径磁性液体密封，研制出大行程、高往复速度的往复式磁性液体密封装置，在国内首次解决了单晶硅炉的磁性液体密封问题，成功解决了航空、航天等很多领域长期未能解决的密封难题，同时将磁性液体用于传感和阻尼减振等领域，成功研制出多种磁性液体传感器和减振器。这些成果对推动该学科的发展和工程应用做出了很大的贡献。

　　本书以通俗易懂的语言向我们介绍了磁性液体的各种特性及应用，内容丰富，理论与实践紧密结合。深入浅出，图文并茂，知识性和趣味性相统一,是读者全面了解磁性液体这一新型功能材料的最佳读本。衷心希望本书的出版使我国更多的读者深入了解磁性液体的各种特性,提高我国在磁性液体领域的教学、科研与生产水平,为我国磁性液体研究事业做出贡献。

中国科学院物理研究所研究员、中国科学院院士

2016 年 8 月 1 日于北京

前　言

磁性液体，有时也称磁流体或铁磁流体，它像固体一样具有磁性，又保留了液体的流动性。确切地讲，磁性液体是将纳米级的固体磁性颗粒通过一定的技术手段均匀地分散于水、煤油等液体当中形成的胶体溶液。20世纪60年代，为解决航天器和宇航服可动部分的密封问题及在失重状态下的燃料补充问题，磁性液体首先由美国国家航空航天管理局试制成功，以其特有的性质，开拓了固体磁性材料无法胜任的新型领域。磁性液体自诞生以来，其潜力不断地得以发挥，在工业、航空航天，甚至医学、艺术领域都有其独特的应用。

自1977年在意大利召开了第一届国际磁性液体会议以来，此会议每隔三年召开一次，至今已14次，国内外发表论文、专利数千篇，并逐年递增，这充分反映了这一研究领域生气蓬勃的景象。然而在我国尽管有不少研究单位进行磁性液体的研究，但实际应用的局面并未完全打开，从一个侧面反映磁性液体这一新型材料尚未普遍被人们了解。著者从1989年至今一直不停地进行磁性液体理论及应用研究，时至今日，深感编撰这样一本著作是一种责任和心愿，旨在让更多的人了解磁性液体，在更多的领域发掘和利用磁性液体的巨大潜力，使磁性液体不再神秘。

本书共有三个章节，用通俗的语言介绍了磁性液体的物理化学性质以及在众多领域的独特应用。在选材方面，尽量考虑到内容的知识性、科学性和趣味性。语言力求生动活泼、清新明快、简洁易懂。文、图、表、数据并茂，深入浅出，并对某些难点词汇做了适当注释便于读者理解。

著者对国家自然科学基金的资助深表感谢。著者所从事的磁性液体研究工作，始终是在国家自然科学基金委员会的资助下进行的，至今共5次给予资助。在此再一次向国家自然科学基金全体委员会表示最深切的谢意！著者愿以此书献给我的导师北京航空航天大学的池长清教授、王之珊教授、赵丕智教授，献给我的老师，国内外著名的流体密封专家清华大学的王玉明院士，他们引导著者进入并深入研究了这一充满魅力的学术领域，他们期待的目光一直是著者奋斗的源泉，他们对著者的谆谆教诲和关心爱护将永远激励著者奋进不息！

著者衷心感谢沈保根院士能在百忙之中细读本书，并为之作序。

编写此书只是个人出于一种责任驱使而做的工作，由于学识水平有限，磁性液体的学问博大精深，书中疏漏之处在所难免，望广大读者批评指正。

著者联系方式：Email: lidecai@tsinghua.edu.cn；手机：13911510189。如蒙指证，著者不胜感激。

李德才

2016年9月于清华大学

目　录

神奇的磁性液体 ··· 001

第1章　什么是磁性液体 ·· 003
磁性液体的起源 ··· 005

第2章　磁性液体的各种特性 ·· 007
2.1　磁性液体具有良好的稳定性 ··· 007
2.2　磁性液体对磁场的响应 ·· 010
2.3　磁性液体的热学性质 ··· 012
2.4　磁性液体的光学性质 ··· 015
2.5　磁性液体的声学性质 ··· 016
2.6　磁性液体的磁性 ··· 016
2.7　磁性液体的磁热效应 ··· 022
2.8　磁性液体的热磁对流 ··· 024

第3章　磁性液体的各种应用 ·· 028
3.1　磁性液体密封 ·· 028
　　3.1.1　磁性液体密封应用于雷达方面 ································· 032
　　3.1.2　磁性液体旋转密封在坦克周视镜上的应用 ················· 034
　　3.1.3　磁性液体密封在罗茨真空泵中的应用 ······················· 036
3.2　磁性液体传感器 ··· 037
　　3.2.1　磁性液体微压差传感器 ··· 040
　　3.2.2　磁性液体水平和体积传感器 ···································· 042
　　3.2.3　磁性液体倾角传感器 ·· 045
　　3.2.4　磁性液体加速度传感器 ··· 046
3.3　磁性液体阻尼减振 ·· 048

3.3.1　磁性液体惯性阻尼器 ··· 050
　　3.3.2　磁性液体阻尼减振器 ··· 051
3.4　磁性液体发电 ·· 053
3.5　磁性液体黏性减阻 ·· 056
3.6　磁性液体润滑 ·· 059
　　3.6.1　磁性液体轴承电机 ·· 062
　　3.6.2　磁性液体润滑在轧机油膜轴承中的应用 ····················· 064
3.7　磁性液体用于医学 ·· 066
　　3.7.1　靶向给药 ··· 066
　　3.7.2　肿瘤的温热——磁熵热效应应用 ······························ 067
3.8　磁性液体选矿 ·· 068
　　3.8.1　"纯"磁选 ·· 071
　　3.8.2　物料密度分选法 ··· 073
　　3.8.3　磁性液体静力跳汰（MHSJS）分选法 ························ 074
　　3.8.4　磁性液体旋流器 ··· 074
3.9　磁性液体用于扬声器 ··· 075
　　3.9.1　承受高功率 ·· 076
　　3.9.2　改善低音音质 ·· 077
　　3.9.3　减少频谱污染 ·· 077
　　3.9.4　降低共振 ··· 078
　　3.9.5　改善失真 ··· 078
3.10　磁性液体用于印刷产业 ··· 079
　　3.10.1　纳米磁性油墨在防伪印刷中的应用 ·························· 079
　　3.10.2　快速射流印刷 ··· 080
　　3.10.3　印染工业污水处理 ··· 081
3.11　磁性液体雕塑 ··· 082
　　3.11.1　磁性液体艺术雕塑 ··· 083
　　3.11.2　磁性液体雕塑工具 ··· 084
　　3.11.3　磁性液体雕塑形态 ··· 085

结束语 ·· 091
参考文献 ·· 092

神奇的磁性液体

你可能见过形形色色的磁铁,你可能玩过用磁铁吸引铁屑,这隔空的吸引力是不是给你的童年带来诸多美好的回忆呢?如果有人告诉你,除了这些常见的固体磁性材料外,现在还有一种以液体形式存在和使用的磁性材料,你是否会觉得不可思议呢?看到下面的"花"了吗?如果告诉你下面的"花"是液体,你是不是觉得匪夷所思呢?

没错,下面的"花"确实是液体,而且是像铁屑、小磁针等可以跟随磁铁摆出任意形态的液体。

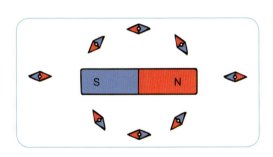
磁铁吸引小磁针

液体"花"

你对浮力了解多少呢?我们已经知道木块能够浮在水面上是浮力的作用。可是,你若看到实心的铝块在液体中悬浮起来时,你会不会惊讶呢?

在一个烧杯中注入一定量的这种液体,将一个实心的铝块放入液体中,铝块沉到了烧杯底部,这时候在烧杯

铝块"漂"在液体中

的下面放一个磁铁，就会发现铝块奇迹般地浮了起来。如果我再告诉你铝块的密度比放入的液体密度大得多，你是不是都要怀疑你的常识了呢？

以上所发生的这些奇异现象，绝非是什么魔术，它正是磁性液体所产生的神奇现象。那么，现在的你是不是很想知道这种液体到底是什么呢？它又有什么神奇作用呢？

好的，下面我们就开始揭开磁性液体的神秘面纱。

第 1 章　什么是磁性液体

所谓磁性液体，是一种既能像液体一样流动，又能像固体磁性材料一样被磁场吸引的胶体溶液。将直径在 10 纳米以下的固体磁性颗粒通过一定的技术手段使其均匀地分布于水、煤油等液体当中，就形成了我们所说的磁性液体了。这种固体磁性颗粒通常为铁磁性颗粒，例如四氧化三铁颗粒。

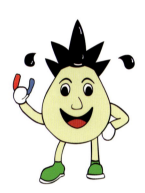

磁性液体

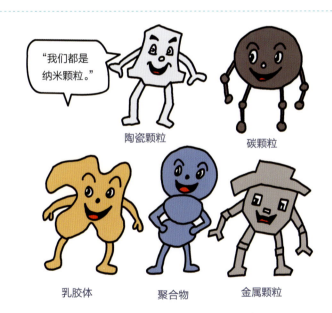

Tip：【纳米（nm）：又称毫微米，是长度的度量单位，1 纳米＝10^{-9} 米。现在很多材料的微观尺度多以纳米为单位，例如截止到 2012 年 6 月，最新的中央处理器制程是 22 纳米。】

Tip：【纳米颗粒：又称纳米尘埃、纳米尘末，指纳米量级的微观颗粒。纳米颗粒是一种人工制造的、大小不超过 100 纳米的微型颗粒。它的形态可能是乳胶体、聚合物、陶瓷颗粒、金属颗粒和碳颗粒。】

Tip:【胶体：又称胶状分散体，是一种均匀混合物。在胶体中含有两种不同状态的物质，一种连续，另一种分散。连续的部分可以是由水、油或是空气组成；分散的部分是由微小的粒子或液滴组成，直径在1～1000纳米，几乎遍布在整个连续态物质中，例如尘埃等，被称为分散质粒子。

"胶体"这个名词是由英国科学家托马斯·格拉汉姆（Thomas Graham）在1861年提出来的。格拉汉姆将一块羊皮纸缚在一个玻璃筒上，筒里装着要试验的溶液，并把筒浸在水中，来进行多物质扩散速度的研究。他发现有些物质，如糖、无机盐等扩散快，很容易从羊皮纸渗析出来；另一些物质，如明胶、氢氧化铝、硅酸等扩散很慢，不能或很难透过羊皮纸。后一类物质不能结晶，大多变成无定形胶状物质。溶胶是胶体的一种，习惯上把分散介质为液体的胶体分散体系称为液溶胶式溶胶；分散介质为气体的分散体系称为气溶胶，介质为固体时，称为固溶胶。

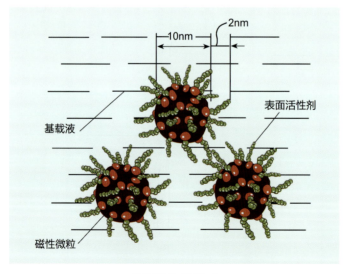

磁性液体的组成

我们将水、煤油等可以使得铁磁性颗粒均匀、稳定地分布于其中的液体叫作基载液。

磁性液体应具有足够的稳定性，它在重力和磁场的长期作用下也不会发生团聚和沉降。

为了能够达到这样的性能，我们在纳米级的固体磁性颗粒周围包覆一层能够防止固体颗粒相互结合的物质，我们将这种包覆的物质叫作表面活性剂。

磁性液体能够表现出各色各样的现象得益于磁性液体独特的物理性质。

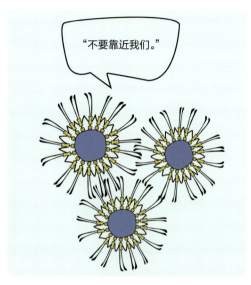

固体磁性颗粒吸附表面活性剂

磁性液体的起源

制备磁性液体的想法最早出现在 1778 年，Gowan Kinght 试图把铁磁性颗粒在基载液中分散开来，但没有成功。到了 20 世纪 30 年代，人们才真正开始磁性液体的研究。1931 年 F. Bitter 在他发表的文章中提出了铁磁性液体研制的问题。1938 年 W. C. Elmore 发表了两篇关于铁磁性胶体的文章，但当时并没有研制成可用的磁性液体。到了 60 年代中期，美国国家航空航天管理局（NASA）为解决航天器和宇航服可动部分的密封问题及在失重状态下的燃料补充问题，而投入大量资金研究与磁性液体相关的问题。1965 年 S. S. Papell 用粉碎法第一次研制成功一种稳定的铁磁性液体，它的磁性颗粒是通过研磨将磁粉研磨成粒度为 10 纳米量级的粉，这是一项非常费时费力的工作。直到 1966 年，日本下坂教授首先用化学方法制出磁性固体颗粒，开始了磁性液体工业化生产。

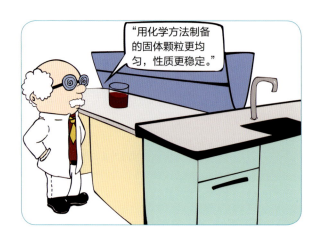

1964 年 J. Ncuringer 和 R. Rosensweig 在 *Phys. Fluids* 上发表了一篇题为 *Ferrohydrodynamics* 的文章。这篇文章奠定了铁磁性液体热力学和磁性液体流体力学的基础。如今，磁性液体已形成一个独立的学术领域，自 1977 年开始每三年举行一次国际会议，迄今已举行过十三次会议。磁性液体的研究与应用有着广阔的前景，在许多未知的领域还有待开发。

第 2 章　磁性液体的各种特性

2.1　磁性液体具有良好的稳定性

磁性液体的稳定性包括两个方面的含义：一个是胶体溶液的稳定性；另一个是组成成分的稳定性。

所谓胶体溶液的稳定性，是指磁性液体中固体磁性颗粒的团聚和沉降问题。磁性液体的稳定需要铁磁性颗粒均匀稳定地分散于基载液中。

铁磁性颗粒不发生聚沉的原因是铁磁性颗粒之间存在布朗运动。这种布朗运动，是依靠基载液中的分子不停地做无规则运动、不断地碰撞铁磁性颗粒，使得铁磁性颗粒也无时无刻在做无规则运动，无数的铁磁性颗粒的无规则运动使磁性液体达到一种动态稳定。

在磁性液体中，使悬浮颗粒互相趋近的势能是磁吸引势能和 Van der Waals 力的吸引势能，而抵抗这两种吸引势能的是表面活性剂长链分子在颗粒表面构成的保护层的排斥势能。表面活性剂的分子是一种长链分子，长链分子的一端吸附在固体铁磁性颗粒的表面，另一端是自由的，可以随意摆动。这种摆动是一种热运动。表面活性剂的长链分子摆动的动能就是一种防止两颗粒接触的排斥势能。

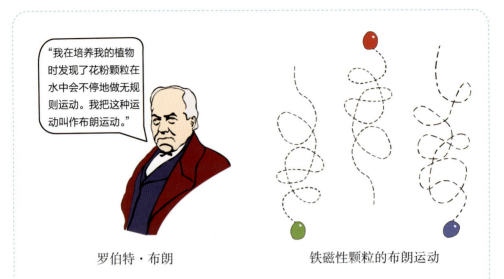

罗伯特·布朗　　　　　　　铁磁性颗粒的布朗运动

Tip:【布朗运动：悬浮微粒永不停息地做无规则运动的现象叫作布朗运动。1827年，苏格兰植物学家罗伯特·布朗发现水中的花粉及其他悬浮的微小颗粒不停地做不规则的曲线运动，后来把悬浮微粒的这种运动叫作布朗运动。不只是花粉和小碳粒，对于液体中各种不同的悬浮微粒，都可以观察到布朗运动。】

　　磁性液体组成成分的稳定性，主要取决于基载液的蒸发以及与其他液体介质在接触时的掺混。在工程应用中，磁性液体经常处于低压甚至真空的环境下，有时环境温度可达100℃左右，因而基载液在这些环境条件下蒸发量的大小就决定了磁性液体的使用寿命。磁性液体与其他液体介质在接触界面上的相互掺混问题，除了由于分子扩散而引起的互相渗透以外，磁性液体在和其他液体接触的界面上会形成一种迷宫状图案，这种现象称为界面的不稳定性。所以，在使用磁性液体过程中，我们要尽量避免磁性液体和其他液体接触。

第 2 章 磁性液体的各种特性

接触表面的迷宫图案

Tip:【图为瑞士摄影师 Fabian Oefner 名为 *Millefiori* 的摄影作品。善于捕捉瞬间美的 Fabian 在磁铁吸引磁性液体时,将不同颜色的水彩用针筒注入磁性颗粒之间,在被磁场吸引的过程中使得磁性液体染上五彩斑斓的色彩,形成绚丽的迷宫图案。】

2.2 磁性液体对磁场的响应

磁性液体最重要、最独特的物理性质就是它能够被磁场吸引，称为磁响应特性，或磁性液体的磁化性能。磁性液体之所以可以对磁场做出快速的响应，其本质是因为磁性液体中铁磁性颗粒内部做轨道运动的电子（相当于微电流环）受到外磁场的作用，电子的运动轨道平面在某种程度上按外磁场方向做有序排列。也有人认为，磁性液体之所以可以对磁场做出快速的响应，是因为悬浮于基载液中的铁磁性颗粒本身的旋转。

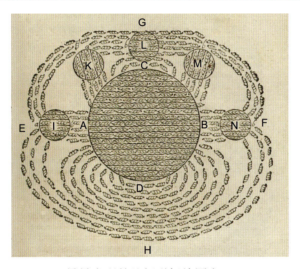

最早出现的几幅磁场绘图之一

Tip:【磁场简介：我们见到过这样的现象，给一条直的金属导线通入电流，放在导线附近的小磁针就会发生偏转，使得小磁针发生偏转的就是磁场。

最早出现的几个对磁场的学术性论述之一，是由法国学者皮埃·德马立克（Pierre de Maricourt）于1269年写成的。德马立克仔细标明了铁针在块型磁石附近各个位置的定向，由这些记号，又描绘出很多条磁场线。他发现这些磁场线相会于磁石的相反两端位置，就好像地球的经线相会于南极与北极。

绘图由勒内·笛卡儿于1644年绘制，它显示出地球（中心大圆球）的磁场吸引几块圆形磁石（以I、K、L、M、N标记的圆球）。笛卡儿认为磁性是由微小螺旋状粒子的环流造成的，这种微小螺旋状粒子称为"螺纹子"。这些螺纹子穿过磁铁的平行螺纹细孔，从指南极（A）进入，从指北极（B）出来，经过磁铁外的空间（G、H）再绕回指南极。当螺纹子绕动至磁石附近时，会穿过其细孔，从而产生磁力。】

第 2 章
磁性液体的各种特性

磁场作用下的磁性液体

磁性液体平时不表现磁性，当对其施加磁场后，磁性液体能够表现出磁性，当外磁场移除以后，磁性液体几乎没有剩余的磁性。这是因为铁磁性颗粒本身悬浮于基载液中，外磁场移去以后，铁磁性颗粒的热运动会使它们最终变成无规则运动状态，这就意味着完全退磁。

在广东东莞的科技馆里，我们能看到这样一个名叫"磁性液体爬坡装置"的展示装置。我们操作这个装置，就能够看到磁性液体缓缓地从低的一端"流"到高的一端，实现"爬坡"。

我们先来了解一下这个装置是如何运行和具体操作的。这个装置的操作面板上有一系列手动按钮，分别控制对应线圈的通电与断电，通过操作控制这些按钮来使它进行工作。顺序按下与松开按钮"1""2"……"7"或按下"自动"按钮，我们就会看到处于 V 型玻璃管底部的磁性液体是怎样一点点地"爬"到高处的。

那么，磁性液体为什么会自动"爬坡"呢？原来，磁性液体在磁场作用下会被磁场磁化，并且磁化强度随外加磁场强度的增加而增加，直至饱和不能再被磁化，在这个展示装置中，由线圈组产生的外加磁

磁性液体爬坡装置

场由低到高顺序产生与消失，在外加磁场的作用下，在被磁化的磁性液体内部将产生磁场力，随着磁场的变化，这种磁场力会推着磁性液体运动，从而表现出"水"往高处流的现象。正是因为磁性液体能够对磁场响应，才能产生"水"往高处流的奇妙现象。

2.3　磁性液体的热学性质

磁性液体被磁化的强弱程度还受温度的影响。有些铁磁性颗粒做成的磁性液体磁化性能对温度的变化比较敏感，我们可以把对温度敏感的铁磁性颗粒制成磁性液体，利用磁性液体的这种性能做成温度传感器。当温度变化时，磁性液体的磁化强度会有明显变化，因而可以用来测量一些设备或零件表面的温度。这种传感器可以测出任意形状物体的表面温度，但只限于对非磁性材料工件温度的测量。

我们先来做一个实验，在一个烧杯容器中注入一定量磁性液体并在其中插入一支温度计用于测量温度，观察烧杯在进入和离开磁场区域时温度计的示数的变化。

我们会发现当磁性液体进入较高磁场强度区域时，磁性液体的温度会升高；当离开磁场区域时，磁性液体的温度会下降。我们把这种现象叫作磁性液体的磁热效应。同样地，将磁性液体放置在磁场中，改变磁场强度的大小也会发生类似的现象，即磁场强度增大时磁性液体温度升高，磁场强度减小时磁性液体温度也会随着降低。

Tip:【磁热效应是德国物理学家 E. 沃伯格于 1881 年在纯铁中发现的。德拜和吉奥克分别于 1926 年和 1927 年解析了这个效应的基本原理。】

将磁性液体放置在温度和磁场不均匀的环境中，由于温差的存在，磁性液体的磁化强度也会存在差别，因而受力不平衡。温度低处，磁性液体的磁化强度大，受磁场的作用力也较大。因此，磁性液体在磁场作用力和液体的浮力的共同作用下而流动。我们把磁性液体的这种流动称为热磁对流。热磁对流比自然对流作用要大得多，所以在磁场作用下，磁性液体可显著地增强传热，例如在磁场作用下，磁性液体可使从固体表面到液体的传热量增加2倍,并且磁场的方向对热磁对流的传热效果有很大影响。日本科学家T. Fujita做过一项实验,用感温型磁性液体对热对流管道进行研究,发现在热源附近的垂直管道上施加磁场时,由于磁性液体通过热磁对流而发生流动,推动磁性液体流动的磁力远大于磁性液体的浮力,因此,在外加磁场作用下,用感温型磁性液体很容易控制自然对流,增强流动速度,使得传递的热能显著增加。

磁性液体良好的传热特性可以应用于扬声器的散热中,并已经取得成功。扬声器音圈周围的空气导热率小,在扬声器工作过程中,随着输入功率的增大,音圈温度逐渐上升。当空气不能有效地带走热量时,音圈过热严重,可能会烧坏。另外,电子信号会使音圈振动,影响扬声器音质。在扬声器音圈的气隙中注入少量的磁性液体,可提高扬声器的散热性能。在磁场的作用下,磁性液体保持在气隙内,将热量传导出去。由于磁性液体的导热率远大于空气,因而扬声器的散热效果大大改善,功率可提高近1倍。同时,磁性液体吸附在磁极上,

Tip:【导热率:是指材料直接传导热量的能力,也可以称作热传导率。】

磁性液体扬声器与普通扬声器的对比

对音圈起自动定心作用，可以防止音圈与磁极的摩擦，使扬声器振膜平滑振动。因此，磁性液体可提高扬声器功率，减小失真，改善扬声器的性能。

2.4 磁性液体的光学性质

磁性液体是一种黑色不透明液体。但是，若取出一层极薄的磁性液体膜，则这样的薄膜是透光的。当没有外磁场时，磁性液体内纳米级的铁磁性颗粒是均匀地分布于基载液中的，所以此时的磁性液体在各个方向上光学性质是相同的。但是，若在磁性液体的周围加上磁场，则铁磁性颗粒会沿着外磁场方向做定向排列，不同的方向上光学性质也会变得不一样。这样一来，这层磁性液体薄膜，就可以像某些晶体那样，具有偏振、双折射等性能，并且依靠调整磁性液体膜的厚度和外磁场的参数，可以得到椭圆偏振光。无论是偏振或双折射都可以通过磁场来控制。这是一般晶片所不具备的特点。

2.5 磁性液体的声学性质

磁性液体是一种比较黏稠的液体。声音在磁性液体中传播的过程中,声音的能量不断地减少使得声音发生衰减。当没有外磁场时,磁性液体内纳米级的铁磁性颗粒是均匀地分布于基载液中的,所以声音在磁性液体中传播,在各个方向上衰减的快慢是一样的。但是,若在磁性液体的周围加上外磁场,铁磁性颗粒会沿着外磁场方向做定向排列,这样一来,声音在磁性液体中传播时,沿着不同的方向,衰减的快慢是不一样的。因此,我们可以通过改变磁场的强弱来改变声音在磁性液体中传播时的衰减速度。

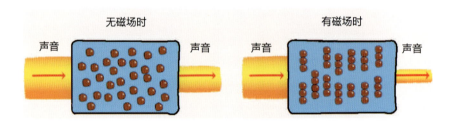

磁性液体对声音的影响

2.6 磁性液体的磁性

磁性液体,我们从名字就可以看出这种物质和磁有着很大的关系。我们已经知道磁性液体就是将纳米量级的铁磁性颗粒均匀分散在基载液中而形成的一种新型液体。那么,我们能不能将磁性液体称为液体状态的磁铁呢?

我们先来做一个实验吧。首先将一定量的磁性液体放入一个蒸发皿中,然后拿一个小铁钉,慢慢接近磁性液体,但千万小心不要碰到液体。接下来,用铁钉在磁性液体上移动,注意观察磁性液体的反应,看看磁性液体会发生什么变化。最终的现象是这样的:在铁钉的作用下,磁性液体没有任何反应。这说明磁性液体在普通状态下不表现磁性。

我们再做一个实验。在蒸发皿的底部移近一块小磁铁,这时,我们再观察磁性液体的反应,看到磁性液体马上起了变化。随着小磁铁的移近,磁性液体表面起"刺"了,而且随着磁铁的移动,磁性液体中的"刺"也跟着移动,随着磁铁离的远近不同,"刺"的大小形状也会发生变化。可见,磁性液体在有磁场作用下,是有磁性的。

磁性液体表面起"刺"现象

我们知道,生活中的铁钉、铁棒等,在普通状态下也是不显磁性的。但是,把这些铁磁性材料放置到永磁体附近时也会表现出磁性。例如,你可以把铁钉先吸到一个永磁体上,然后可以用这个铁钉再去吸别的铁钉。那么,磁性液体和这些铁钉在磁的性质方面是不是完全一样呢?其实它们之间还是有一些差别的。当一个铁钉在永磁体上面待得久了以后,就会发现当把磁铁拿走以后,铁钉好像也有磁性了,和别的铁钉之间还有一点吸引力。我们把这种铁钉还剩下的一点磁性

Tip:【永磁体:是指能够长期保持其磁性的磁体。如天然的磁石(永磁体矿)和人造磁体(铝镍钴合金)等,简单地理解,比如我们平常所讲的磁铁、吸铁石。】

叫作剩磁。但是，磁性液体在磁场作用下才会表现出磁性，当把磁场移出以后，磁性液体便不再表现磁性，即没有剩磁。磁性液体的这种磁性是一种被动的磁性。可以看出磁性液体对磁场具有快速的响应特性。磁性液体最重要、最具特色的物理性质就是磁性液体对磁场的响应特性，也可以称为磁性液体的磁化性能。

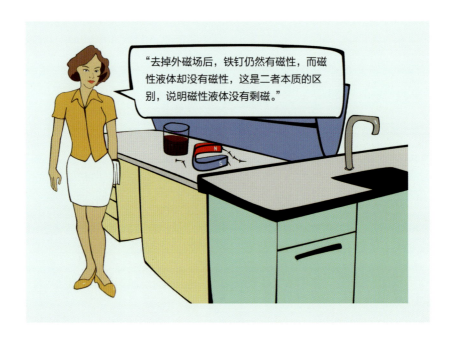

磁性液体在磁场中能够快速地响应是因为磁性液体中弥散着众多的纳米量级的铁磁性颗粒。每一个铁磁性颗粒，我们都可以把它们看成一个小磁针。这些小磁针在磁性液体中平时是杂乱排列的。即磁铁的 N 极、S 极的取向杂乱无章，它们的方向各异，导致各个小磁针之间的磁性相互抵消。所以，在外界看来，磁性液体不显示磁性。但是当把磁性液体放置在磁场中的时候，这些小磁针就会很听话地顺从外界磁场的分布，它们的取向趋于一致，各个小磁针的磁性不但不再抵消，还叠加在了一起，对外显现出来它的磁性。这就是我们所说的磁性液体被磁化了。

 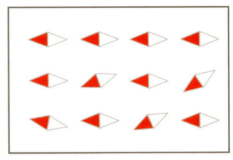

（a）无磁场　　　　　　　　　（b）有磁场

磁性液体内的"小磁针"

外界的磁场越强，各个小磁针的一致性就越好，它们叠加在一起的磁性就越强，对外显示的磁性也越强，即磁性液体的磁化程度提高了。继续增加磁场强度，磁性液体内部的小磁针的排列方式都达到一致，此时磁性液体中小磁针叠加的磁场达到了最大值。继续增加外界的磁场强度，磁性液体的磁性不会再提高，磁性液体的磁性达到了饱和状态，即饱和磁化。当磁性液体移出磁场时，磁性液体里面的小磁针，排列不再有序，变成原来的杂乱无章，各个小磁针的磁场相互抵消，磁性液体便不再显示磁性。

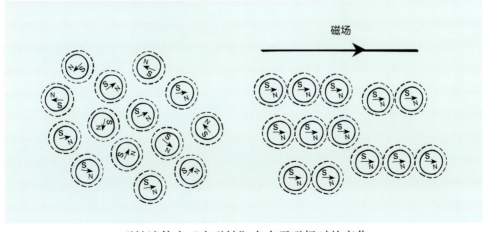

磁性液体内"小磁针"在有无磁场时的变化

通过以上讲述,你也许明白了磁性液体对磁场的响应机制。可是,你可能还会问:磁性液体是由纳米量级的铁磁性颗粒分散在基载液中形成的,基载液对磁性是不敏感的,为什么能够通过控制磁性液体中铁磁性颗粒的行为来达到控制整个磁性液体的目的呢?即使能够控制,为什么磁性液体对磁场响应的那么迅速呢?

这是因为磁性液体中的铁磁性颗粒数量众多,每毫升磁性液体中约含有固体粒子10^{17}颗,如此庞大的数量使得铁磁性颗粒与基载液之间具有巨大的接触面积,每毫升磁性液体当中,铁磁性颗粒和基载液之间相互接触的面积可以达到约$35m^2$。即使抛开其他因素不考虑,仅考虑这么大的接触面积产生的巨大黏附作用,就能够想象到如果我们能通过磁场控制这些铁磁性颗粒,就可以控制整个磁性液体。

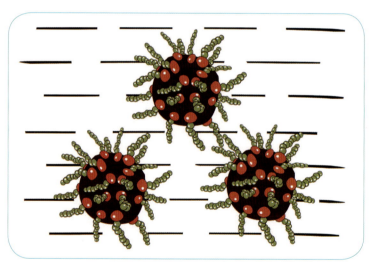

磁性液体微观组成

磁性液体的磁性不仅和外界的磁场有关,还和磁性液体的温度有关。同一磁性液体,在相同的磁场中,当磁性液体的温度不同时,磁性液体的磁性也不同。这是由于磁性液体中均匀分布的这些小磁针不停地受到做分子热运动的基载液分子的撞击,使得这些小磁针做布朗运动。温度越高，基载液分子的热运动越剧烈，撞击也越频繁，小磁针的布朗运动也越剧烈。也正是小磁针的布朗运动使得小磁针的排列杂乱无章，它们的磁性相互抵消。当施加磁场时，小磁针在磁场力作用下逐渐抵抗这种布朗运动，排列方向和磁场趋于一致。温度越高，抵抗这种布朗运动就越难，小磁针排列的有序性就越差，叠加的磁性就越弱。因此，同一磁性液体，在相同的磁场中，当磁性液体的温度较高时，磁性液体的磁性也会较低。当继续升高磁性液体的温度，我们会发现，在某一温度值时，磁性液体在磁场中不再表现出磁性，即不再对磁场做出响应。这是由于温度过高时，小磁针的布朗运动过于剧烈，严重影响了小磁针的有序性，小磁针的磁性相互抵消，对外不再表现磁性。

在温度升高的过程中，我们把磁性液体中的铁磁性颗粒从可以受到磁场的作用到不能对磁场产生响应这一转变的临界温度称为磁性液体的居里温度。

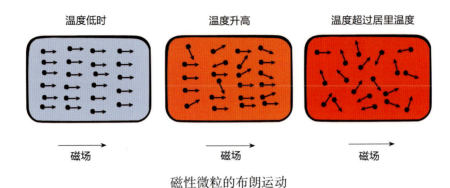

磁性微粒的布朗运动

2.7 磁性液体的磁热效应

科学家们在研究过程中发现了一个有趣的现象。将某些磁性材料放置在磁场中的时候，磁性材料在磁场作用下温度会升高，将这些材料移出磁场后，材料的温度又会下降。这是因为金属原子通过自身振动贮存能量，而当外加磁场将金属中的电子有序排列，并阻止它们自由移动时，金属原子的振动就会加强，温度随之增加；移除磁场后，温度则会降低。科学家们将这种现象称为磁热效应。

我们知道温度变化时，总是伴随着热量的转移。很多热机就是依靠能量在转移或者转化过程中放出的热量来对外界做功，为我们所需要工作的机器提供动力。因此，25 年前，托马斯·爱迪生（1887 年）和尼古拉·特斯拉（1890 年）了解到磁性材料的磁热效应后，提出一种设想：利用磁热转换过程中放出的热量为机车提供动力。但是由于种种原因，这种尝试没有成功。

托马斯·爱迪生　　　　　　　　　尼古拉·特斯拉

也有很多科学家将焦点转移到磁热效应表现出的另一个现象，那就是某些磁性材料移出磁场后温度会降低。于是，科学家们就考虑将磁热转换作为获得低温过程中的一个步骤，来进一步降低温度，这种方法是目前得到超低温的有效方法，可以得到约 0.001K 的低温。

日常生活中的汽车等很多机车或设备的动力源都是依靠汽油机或柴油机此类热机来工作的。所谓热机就是通过一些热力学循环过程，不断地放出热量，利用这部分热量来对外界做功的装置。这些循环过程往往是需要通过机械部件不停地运动（例如压缩流体等）来提供循环的驱动力。受到上面的启发，有科学家提出利用磁热效应为这种热

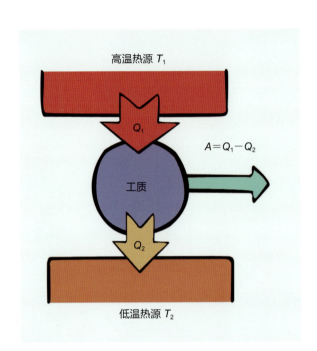

热机的工作原理

力学循环提供动力。此时，磁性液体就发挥出其独特的优势了。

经过长期的研究，科学家们提出一种利用磁性液体循环流动，来达到热力学过程循环的目的。依靠磁性液体在磁场梯度的作用下受到磁场力的作用，来推动磁性液体在管道内流动，在流动循环中，磁性液体会不断地经历进入磁场、离开磁场的过程，由于磁热效应的作用，磁性液体会不断地吸收热量和放出热量。加上外界给磁性液体提供一些辅助的能量转换措施，磁性液体放出的热量就可以用来对外界做功，为机器提供动力了。这种机器的循环效率比普通的热机循环要高出很多。

2.8 磁性液体的热磁对流

我们已经知道热传递是通过热传导、对流和热辐射等三种方式来实现的。在实际的传热过程中，这三种方式往往是伴随着进行的。

Tip:【**热传导**：是指热能从温度高的部分向温度低的部分转移的过程，是一个分子向另一个分子传递振动能的结果。

热对流：是指由于流体的宏观运动而引起的流体各部分之间发生相对位移，冷热流体相互掺混所引起的热量传递过程。

热辐射：是一种热量直接通过电磁波辐射向外发散的热传递方式。】

当液体（气体）被加热后温度升高，密度相应地变小，就会在浮力作用下向上移动，没有被加热的液体（气体）密度大，就会过来补充留下的空间。刚刚补充过来的液体（气体）继续被加热，然后上升，冷的液体（气体）继续补充，周而复始，使得整个液体（气体）空间被加热，这就是热对流的基本原理。对流作为热传递的一种方式，在工业生产和日常生活中有着广泛的应用。我们日常生活中使用暖气来取暖，很大程度上就是依靠屋子里面的空气热对流实现的。

我们平时在家中把门、窗都打开来给室内通风换气也是应用对流的原理。

关键在于，局部加热改变了液体内的密度分布，在重力场中，液体内部受到的作用力不均匀，从而产生对流现象。但是，在航空航天领域，飞船、空间站是在太空中作业的，太空中没有重力作用，因此自然对流是不能发生的。然而，在太空中，我们仍然需要利用流动来带走航天器等工作产生的热量，以保证这些部件的正常工作。与此同时，在太空中宇宙飞船在失重状态下的燃料补充也需要通过对流来实现。于是，磁性液体又体现出其独一无二的优势。

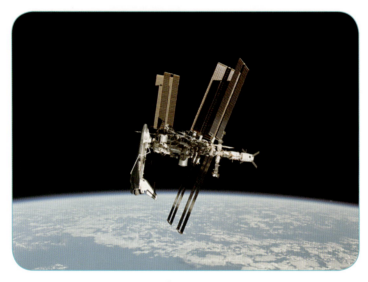

航天器

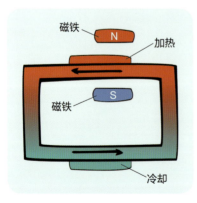

热磁对流原理

将磁性液体放置在温度和磁场都不均匀的环境中，由于温差的存在，磁性液体的磁化强度也会存在差别，因而受力不平衡。温度低处，磁性液体的磁化强度高，受磁场的作用力也较大。因此，磁性液体在磁场作用力和流体的浮力的共同作用下而流动。我们把磁性液体的这种流动称为热磁对流。

温度敏感型磁性液体的饱和磁化强度会随温度的升高而显著减小，因此其热磁对流现象十分明显。将磁性液体放置于外磁场中，我们给磁性液体进行局部加热，使得磁性液体内部温度分布不均匀，这样温度敏感型磁性液体内部会产生磁力的不平衡状态，驱动磁性液体做宏观对流运动。通过调节外磁场和温度场的协同作用，可以实现对这种磁性液体运动的控制。如果将热磁对流控制在密闭回路中，同时保持稳定的外磁场和温度场，温度敏感型磁性液体会在回路中持续稳定地循环流动。

热磁对流回路中的温度敏感型磁性液体在没有机械驱动部件的情况下，仅靠外加的磁场和内部的温度差异提供动力。流体的运动是由温度差引起的，运动的结果则是减小这种差异，最终达到稳定的状态。稳定运动的流体连续不断地从热端带走热量，在冷端释放，而后再次回到热端吸收能量，周而复始，实现能量的自主传递。

热磁对流回路作为一种无泵能量自主传递系统有稳定性好、噪声小、不需维护等优点，又因为其本身以温差作为驱动条件，并通过对流传递热量，可做冷却回路用于散热领域。当然，如果在回路中添加传动部件，也可将流体的动能传输出去并加以利用。

第 3 章 磁性液体的各种应用

3.1 磁性液体密封

密封普遍存在。在世界上，许多灾难性事故都是密封不良造成的。1986年发射的美国"挑战者"号航天飞机，在升空后不久发生爆炸，7名宇航员当场遇难，价值12亿的航天飞机瞬间化为乌有。究其爆炸的原因，就是因为一个"O"型密封圈失效所致。

"挑战者"号航天飞机发生爆炸

事后经过调查，导致事故发生的最直接的技术原因是：位于右侧固体火箭推进器的两个底层部件之间的一个"O"型橡胶圈失效。橡胶圈的作用是利用其伸缩性填补结合处的缝隙，防止喷气燃料燃烧时的热气从连接处泄漏。然而，当时航天飞机发射基地所在的美国佛罗里达州的气温已经降到0℃以下，"O"型橡胶圈变得非常坚硬，伸缩困难，密封效果大打折扣。喷出的燃气烧穿了助推器的外壳，继而引燃外挂燃料箱。燃料箱裂开后，液氢在空气中剧烈燃烧爆炸。

所谓密封，就是要解决被密封介质的泄漏问题，下图所示为传统的橡胶圈密封。橡胶圈密封是通过在轴和轴套之间嵌入橡胶圈，来防止被密封的介质从轴和轴套之间的间隙中泄漏出去。即橡胶圈挡住了物质从轴和轴套之间出去的通道。

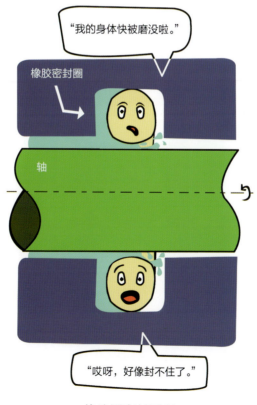

橡胶圈密封原理

但是如果轴是转动的，轴和橡胶圈之间的摩擦会非常严重，橡胶圈会很快地磨损。橡胶圈遭到破坏以后，被密封的物质就能够通过破损的橡胶圈泄漏出去。

于是，人们就努力地思考如何能够减少橡胶圈和轴之间的摩擦。有人就提出如果把橡胶圈换成一种液体，这样，是不是就能很好地减小磨损呢？可是，液体又怎么能够老老实实地待在轴和轴套之间不流出去呢？

磁性液体密封给出了很好的答案。所谓磁性液体密封，就是把轴和轴套之间的橡胶圈用磁性液体代替。通过磁性液体来阻挡被密封物质从轴和轴套之间的间隙泄漏出去，来起到密封的作用。那么，磁性液体又是如何老老实实地待在轴和轴套之间的间隙中不流出去的呢？下面我们就来揭示磁性液体密封的原理。

磁性液体密封需要以下几个部分：一个磁性很强的永磁体，两个导磁性能良好的环形导磁圈（我们通常将其称为极靴），一个导磁性能

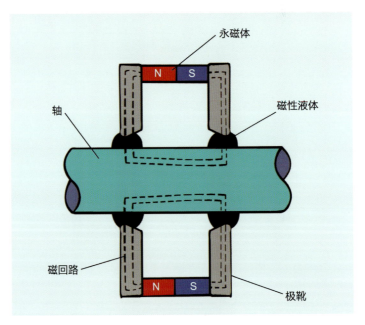

磁性液体密封原理

良好的转轴,当然还需要一定量的磁性液体。我们把两块极靴放置到永磁体的两端,在轴和极靴的缝隙中注入一定量的磁性液体,磁性液体就会被吸附在极靴的末端,形成一圈一圈的"液体环",这样被密封的气体就不能通过极靴和转轴之间的缝隙泄漏出去。

磁性液体密封的关键在于如何将磁性液体固定在极靴和转轴的间隙中不流出去。这一关键问题是怎么解决的呢?当然靠的是磁性液体对永磁体形成的磁场的响应作用。由于极靴的导磁性能良好,所以能够将永磁体的磁性导到极靴的末端,这样磁性液体就能够被固定在极靴和转轴之间的间隙中,从而达到密封的目的。我们利用磁性液体密封既可以防止被密封的气体通过极靴和转轴的间隙泄漏出去,也可以防止外界的空气、尘埃通过这一间隙进入气体空间,从而对被密封的气体起到了防尘、防潮、防污染的作用。

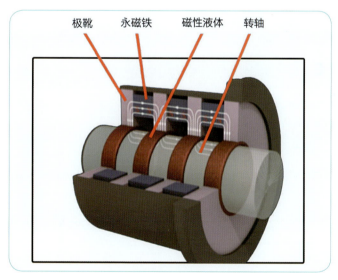

磁性液体密封

磁性液体密封在现有的检测条件下检测不到泄漏,人们通常称磁性液体密封是唯一的零泄漏密封方式。磁性液体密封很稳定,在通常情况下,磁性液体密封在不需要任何维护的条件下能够连续工作十年以上。磁性液体密封件包括一块永磁体、两个极靴和少量的磁性液体，不需要其他辅助装置，因此其结构非常简单。同时，磁性液体密封在有相对转动的零部件之间的摩擦很小，工作过程中不产生污染系统的颗粒，可靠性高又很环保。磁性液体密封允许转轴有很高的转速。

因此，磁性液体密封有着非常广泛的应用，在某些方面，磁性液体密封有其独特的性能，是其他任何密封形式所不能替代的。

3.1.1　磁性液体密封应用于雷达方面

雷达装置

雷达的优点是白天黑夜均能探测远距离的目标，且不受雾、云和雨的阻挡，具有全天候、全天时的特点，并有一定的穿透能力，即使目标隐藏在大雾之中或者躲到云层里面，都能被雷达发现。因此，它不仅成为军事上必不可少的电子装备，而且为服务我们的生活（如气象预报、资源探测、环境监测等）和科学研究（如天体研究、大气物理、电离层结构研究等）做出巨大贡献。雷达在洪水监测、海冰监测、土壤湿度调查、森林资源调查、地质调查等方面显示了很好的应用潜力。

无论是雷达哪方面的应用，我们总是希望雷达能够探测到物体的距离越远越好，精度越高越好。我们已经知道雷达是通过无线电波来探测物体的，雷达能够探测的距离和精度是和无线电的频率息息相关的，其频率越高，雷达能够探测到的距离越远，精度也越高。在人们努力提高雷达无线电波频率的时候，发现当无线电的频率达到某一数值的时候，无线电将会把雷达内部的一个核心器件击穿，使其无法继续正常工作，这一点限制了雷达所用无线电的频率，也限制了雷达所能探测的距离。这个时候，磁性液体密

应用磁性液体密封的雷达装置

封就有了它的用武之地。我们通过磁性液体密封将雷达的这一器件密封起来，来保护这一器件不被无线电击穿。这样雷达允许的无线电频率得到了很大的提升，相应的探测距离也就得到了很大的延长。

3.1.2 磁性液体旋转密封在坦克周视镜上的应用

坦克被人们称作"地面战场之王"。现代主战坦克具有强大的火力、装甲防护力及高度的机动性。长期以来，各国把坦克作为一种十分重要的进攻性武器。为了满足进攻作战的要求，在研制坦克时，始终把火力放在首位。在坦克武器性能一定的条件下，坦克火控技术的高低是制约坦克火力发展的关键因素。

我国主战坦克

Tip:【广义地说，火控系统是一套使被控武器发挥最大效能的装备。坦克火控系统是指安装在坦克内，能迅速地完成观察、瞄准、跟踪、测距、提供弹道修正量、解算射击诸元、自动装填、控制武器指向并完成射击等功能的一套装置。】

坦克周视镜是火控系统的重要组成部分，是坦克获取坦克周围环境的关键设备。周视镜通过将所获取的周围360°信息反馈给火控系统的其他部件，以保证坦克能够在全天候条件下，迅速地发现目标，准确地测出目标距离并进行精确地瞄准，然后加上火控系统的其他组成部分的作用，保证坦克内的炮手瞄到哪里，就打到哪里。

坦克周视镜

周视镜处于坦克的室外部分，环境比较恶劣。周视镜需要在恶劣的环境中时刻地保持360°的旋转以实时地获取外界信息，如果外界的灰尘、雨水、杂质进入周视镜中会极大地影响周视镜的正常工作。因此，对坦克周视镜的密封就非常重要。

火控系统中对周视镜的密封问题一直是一个难题。如果密封出现问题，外界的灰尘、雨水、杂质都有可能进入周视镜，由此影响周视镜的工作。

基于磁性液体密封的优点，北京交通大学李德才教授设计了坦克周视镜的磁性液体密封结构,并对设计的密封装置的环境适应性进行了验证,如高低温储存实验、高低温工作实验、湿热实验、盐雾实验等。实验结果显示这种磁性液体密封结构能够使坦克周视镜在各种极端恶劣的环境下正常工作,这不仅说明在坦克周视镜上采用磁性液体密封是可行的,更能保证坦克里的战斗员可以指哪打哪。

3.1.3 磁性液体密封在罗茨真空泵中的应用

在航空航天领域,为了模拟飞机及火箭飞行的高空条件,需要把飞行器燃烧排出的气体抽除,以达到真空的气体环境;在冶金工业中,为防止高温的钢液与空气接触发生反应降低钢材质量,需要对钢液进行真空脱气;在灯泡灯管的自动化生产过程中,需要将其内部抽成真空才能被我们日常所使用。在这一系列的抽气过程中,都需要用一种叫罗茨真空泵的机器来完成。

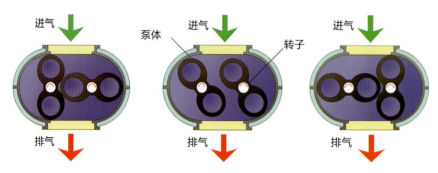

罗茨真空泵的工作原理图

> Tip:【罗茨真空泵是一种内部装有两个朝相反方向同步旋转的鞋底形转子,转子与转子之间、转子与泵壳内壁间有细小间隙而互不接触的一种变容积的真空泵。如上图所示,它的特点是启动速度快,消耗的功率少,运转维护费用低,抽速大、工作效率高,并且在真空冶金中的冶炼、脱气、轧制,以及化工、食品、医药工业中的真空蒸馏、真空浓缩和真空干燥等方面有着广泛的应用。】

在罗茨真空泵中同样存在着密封问题,密封不好的话会降低抽气的效率、增加功率消耗、浪费能源。

罗茨真空泵需要进行密封的地方主要有三处：一是转轴穿过泵盖处，它们之间是相对转动的，因此形成动态密封；二是泵的端盖与泵体之间要配合严密，其间形成的是静态密封；三是传动轴头外伸部分通过泵盖处即轴保护套内的密封。这三个需要密封的地方中，第二处静密封很容易被封住；第三处密封由于轴保护套与轴一起旋转，没有相对运动，就形成了相似于静密封的状态，一般利用"O"型密封圈即可密封；而第一处的动态密封，用一般的密封方式很难做到零泄漏，而且长时间产生的磨损会降低其寿命。

研究人员考虑能不能抛开那些常用的密封方式来寻找新的方法。有人提出了采用磁性液体对罗茨真空泵进行密封。经过一系列计算、设计、实验、仿真，磁性液体成功应用于罗茨真空泵的密封当中，并且在应用中，磁性液体密封具有零泄漏、寿命长、可靠性高、没有污染、黏性摩擦低、能承受高转速等特点。

3.2 磁性液体传感器

人们为了从外界获取信息，必须借助于眼睛、鼻子、耳朵等感觉器官。而人们依靠自身感觉器官获得信息的能力有限，在研究自然现象和规律以及生产活动中远远不够。为解决这个问题，我们就发明了传感器来帮助我们更好地感知事物，认识世界。因此，可以说，传感器是人类五官的延伸，又称为电五官。

比如，在冶金工业中，为了保

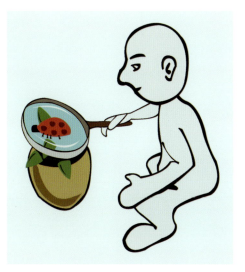

人类用放大镜观察生物

传感器在锅炉中的应用

证冶金的质量,我们常常需要知道冶金炉内部的温度,冶金炉内温度常常高达几千摄氏度,这样的高温当然不能通过人体的感官去测量,这时就需要传感器发挥作用了。我们在冶金炉里面放置一种专门用来感受温度变化的传感器(温度传感器),它可以感知冶金炉内的温度并将其转变为电信号输出,这样我们就可以通过测量电信号的大小来知道冶金炉里面的温度了。

传感器的工作其实就是一种信息的转化,将不容易、不方便测量的物理量(一般为非电信号)转化为方便测量的物理量(一般为电信号)。要实现这一转变就要利用物质一些独特的性质。例如,很多压力传感器就是利用一些特殊导体的电阻值随着压力改变而改变的特性,将压力这个非电信号转变为了电信号。

美国、法国、德国、俄罗斯、日本和罗马尼亚等国,较早意识到磁性液体传感器的重要意义,并且进行了大量的研究,申请了很多相关的专利,使磁性液体传感器广泛应用于航空、航天等领域,解决了各种复杂、恶劣条件下的检测问题。此外,永磁性液体传感器在各种民用生活领域中得到应用,有其他传感器所代替不了的功能。

那么,磁性液体传感器是将什么物理量转变为什么物理量,又是利用了磁性液体的哪些特性呢?下面我们先介绍一下磁性液体的一些特性,科学家正是利用这些特性发明了各种磁性液体传感器。

(1)磁性液体的一阶浮力原理。

还记得我们在引言部分说的那个实验吗?在一个烧杯中注入一定量的磁性液体,将一个实心的铝块放入液体中,铝块沉到了烧杯底部,这时候在烧杯的下面放一个永磁体,然后铝块奇迹般地浮了起来。这是磁性液体所独有的特性,我们称为磁性液体的一阶浮力原理。浮力的本

质是浸在液体中的物体上下表面的压力差，密度比液体大的物体之所以能够浮在液体上正是因为这个压力差大于物体受到的重力。而磁性液体在磁场作用下还受到磁场力的作用，在烧杯底部放置永磁体后，靠近永磁体的地方磁场力的作用强，远离永磁体的地方磁场力的作用小。这样，在磁场力的作用下，在物体的表面形成了一个和磁场力有关的压力差。当这个压力差和非磁场力形成的压力差叠加后超过铝块的重力时，铝块就会在磁性液体中浮起来。这就是我们所说的一阶浮力原理。

（2）磁性液体的二阶浮力原理。

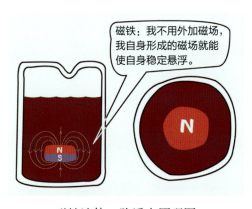

磁性液体二阶浮力原理图

我们再做一个类似的实验，在一个圆柱形的烧杯中注入一定量的磁性液体，将一个永磁体放入磁性液体中，我们会发现永磁体并没有沉到烧杯的底部，而是悬浮在了磁性液体中，而且永磁体最终位置处于烧杯水平方向的中间位置。我们把这种现象叫作磁性液体的二阶浮力原理。当永磁体接近容器底面时，永磁体下部的磁性液体中磁力线不易进入导磁能力低的容器底面而被压缩，使得磁力线密度增大，磁力线越密集永磁体受到向上的"浮力"越大。当永磁体所受"浮力"小于其重力时，永磁体继续下沉，使得磁力线继续被压缩，直至"浮力"与重力平衡。同样的原因，磁性液体中的永磁体也不易接近容器壁。最终的结果是永磁体将悬浮于磁性液体中。这就是我们所说的二阶浮力原理。

3.2.1 磁性液体微压差传感器

所谓微压差，是指范围在 ±60kPa 以内的微小压强差，磁性液体微压差传感器是一种用来测量微压差大小的传感器。在外界压强的作用下,磁性液体在线圈中的位置会发生变化,进而引起线圈电感的变化,输出相应的电压信号,通过电信号反映施加压强差的大小,达到测量压强差的目的。

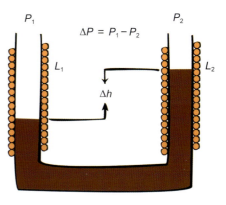

U 型管磁性液体微压差传感器原理图

上图为 U 型管磁性液体微压差传感器的原理图。U 型玻璃管内注有一定量的磁性液体。U 型玻璃管两端的压强分别为 P_1、P_2。当 U 型玻璃管两端的压强 $P_1=P_2$ 时,U 型玻璃管两端的液面高度是相同的;当 U 型玻璃管两端的压强 $P_1 \neq P_2$ 时,磁性液体在 U 型玻璃管两臂中形成液面高度差。根据我们所学过的物理知识,已知两端的液面高度差就能够知道压强差的大小,当知道其中一个压强值的大小后,我们就可以求出另一个压强值的大小。但是当压强差引起的液面高度变化不明显或者高度差测量很不方便时,该怎么办呢?我们可以在 U 型玻璃管两管壁各均匀缠绕一组线圈,其电感分别设为 L_1、L_2。初始状态时,$P_1=P_2$,$L_1=L_2$,当 U 型玻璃管两端的压强 $P_1 \neq P_2$ 时,压强差 $\Delta P=P_1-P_2$,U 型玻璃管两臂中的磁性液体液面产生一个高度差 Δh,磁性液体在线圈中的位置变化导致两线圈的电感发生变化,这种电感变化通过电桥电路转化成电压值输出,在一定的测量范围内,电压值与压强差是线性关系,所以通过测量电压值就可得知压强差的大小。

Tip:【电感:是闭合回路的一种属性,即当通过闭合回路的电流改变时,会出现电动势来抵抗电流的改变。如果这种现象出现在自身回路中,那么这种电感称为自感,是闭合回路自己本身的属性。假设一个闭合回路的电流改变,由于感应作用在另外一个闭合回路中产生电动势,这种电感称为互感。】

这种基于磁性液体所开发的新型压差传感器可广泛用于航空航天、管道运输、生物医学等领域，可以实现对各种微压差如飞机机翼侧壁压差、管道泄漏前后压差以及血管内压强差等的测量。

3.2.2 磁性液体水平和体积传感器

在工业生产中常常要求某个物体处于水平位置，这就需要一种用于测量水平程度的测量工具。水平仪是一种常见的测量水平程度的工具（如图所示）。我们把水平仪放置在被测表面，观察水平仪的液柱中空气柱的位置来判断被测表面的水平程度。但是，当我们需要精确测量被测表面水平程度时，这种水平仪往往达不到测量要求，在这种需求下我们发明了磁性液体水平传感器。

第 3 章
磁性液体的各种应用

工人拿着水平仪测量墙壁平整度

测量地面

磁性液体水平传感器，是一种将测量的倾斜角度转变为电信号的装置。下图为磁性液体水平传感器的原理图。所示圆柱形有机玻璃管为磁性液体传感器的"骨架"，"骨架"上中间部分均匀绕有一组激励线圈 Z_0，两组完全相同的感应线圈对称地缠绕在激励线圈的两侧且反相串联，用于输出电压差。在玻璃管内注入一定量的磁性液体，此时磁性液体就充当了线圈中的"磁芯"角色。当传感器处于水平位置时，磁性液体在玻璃管内均匀分布，玻璃管的两端所产生的感应电动势相等，即 U_{out} 的值为 0。当传感器偏离水平位置发生倾斜时，在重力作用下玻璃管内的磁性液体向低处流动，这样玻璃管两端的两组感应线圈所产生的感应电动势不等，就会形成一个电压差，即 U_{out} 的大小不为 0。对于一定的倾斜角，存在一个电压差 U_{out} 与之相对应，在一定范围内输出电压 U_{out} 和密闭玻璃管的倾角近似呈现线性关系，所以，通过检测电压差 U_{out} 的值就可反算出倾斜角的大小。倾斜角越小，说

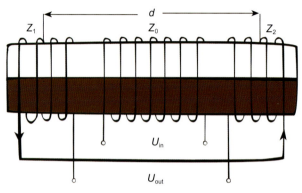

磁性液体水平传感器原理图

明被测表面越接近水平。

根据类似原理我们还可以制成磁性液体体积传感器。对于形状比较规则的物体，如长方体、球体等，我们可以通过测量计算，很方便地知道物体的体积。可是，如果被测物体的形状不规则，我们就很难通过简单的测量计算来确定它的体积了。我们常用的方法是向带有刻度的烧杯中注入一定量的液体，记下液面的刻度。然后，将被测物体浸没在液体中，观察此时的液面的刻度。通过计算两次刻度的差值就能得到被测物体的体积。但是，这种方法读数依靠人为读出，误差较大。我们可以想办法将高度差转变为电信号来提高测量的精度。

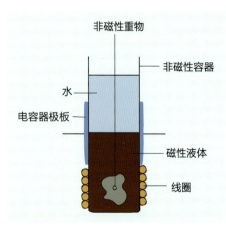

磁性液体体积传感器原理图

磁性液体体积传感器的原理图如上图所示。非导磁性容器底部注入一定量的磁性液体，上面注入一定量的水。线圈绕在容器外表面底部，电容器极板与线圈构成振荡电路的一部分。当待测的非磁性物体浸入磁性液体后，磁性液体的液面和水面都将上升，导致线圈的电感减小，电容器的电容增大。通过简单测量电感或电容的变化即可得到浸入物体的体积。

3.2.3 磁性液体倾角传感器

在工业生产中常常需要知道某个面的倾斜程度，这时候就需要通过专门测量倾斜程度的传感器。根据上述所讲述的磁性液体水平传感器的工作原理，我们知道磁性液体水平传感器在一定的测量范围内也可以当作倾角传感器来使用。但是磁性液体水平传感器能够测量的倾斜角范围较小。当被测面的倾斜程度较大时，我们就需要专门的磁性液体倾角传感器来进行测量了。

磁性液体倾角传感器原理如右图所示。其中圆柱形有机玻璃管为螺管形电感传感器的"骨架"，两组完全相同的电感线圈均匀对称地缠绕在"骨架"的两侧且反向串联，接入电桥电路用于提供电压差。在玻璃管内注入磁性液体，磁性液体中放置一个永磁体。在这里磁性液体和永磁体担当"磁芯"的

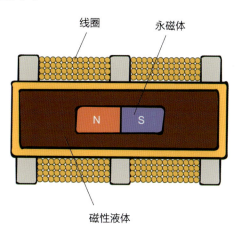

磁性液体倾角传感器原理图

角色。当传感器处于水平位置时，由于玻璃管内注满磁性液体，根据磁性液体二阶浮力原理，永磁体在磁场力的作用下，悬浮在磁性液体轴向中心位置而不与管壁接触，则两组自感线圈的电感相等，电桥电路输出的电压值为零；当传感器偏离水平位置发生倾斜时，玻璃管内的永磁体在重力的作用下，向低处偏移，即相当于"磁芯"发生了移动，两组自感线圈的电感不再相等，电桥电路输出的电压

值不为零。对于一定的倾斜角，存在一个电压值与之相对应，所以通过检测电压值就可以准确测量倾斜角的大小。

"这就是前面二阶浮力原理的实际应用啊。"

3.2.4 磁性液体加速度传感器

加速度传感器广泛应用于航天、航空、船舶、冶金、机械制造、化工、生物医学工程和自动检测与计量等技术领域，而且也逐步走入人们的日常生活。从在太空中的航天飞船到海洋中的深海探测机器人，甚至是普通电脑所用的硬盘，都留下了加速度传感器的身影。学者们对加速度传感器的研究和发展越来越重视，它已成为某些技术领域不可缺少的必要手段。

现在市场上已经有各种各样的加速度传感器，但是每种传感器都有其自身的限制，有的传感器易受温度、湿度的影响，有的传感器不宜用于有较大冲击振动的场合等。于是，人们开始探索各式各样的加速度传感器，而磁性液体加速度传感器就是其中的佼佼者。

磁性液体加速度传感器和磁性液体倾角传感器的原理类似。我们以测量水平面上的加速度为例介绍磁性液体加速度传感器的原理。当传感器处于静止或匀速直线运动状态时，两组自感线圈的电感 L_1、L_2 相等，电桥电路输出的电压值为零；当传感器有水平加速度时，永磁体由于惯性力偏离平衡位置，相

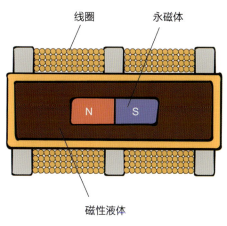

磁性液体加速度传感器原理图

当于"磁芯"发生了移动，两组自感线圈的电感 L_1、L_2 不再相等，电桥电路失去平衡，输出电压值。对于一定的加速度，存在一个电压值与之相对应，所以通过检测电压值就可计算出加速度的大小。

国外的磁性液体应用技术一直处于领先水平，其中美国、日本等国家较早地利用磁性液体来制造了各种传感器，并将其应用到航空、航天等尖端领域，用来解决苛刻条件下的测试问题。我国对磁性液体的研究起步较晚，但是在某些领域尤其是军事、汽车领域对磁性液体传感器的需求是很大的，一些科研单位在磁性液体传感器方面进行了大量研究，利用磁性液体设计出类型更多样、结构更完美、性能更优越的传感器，这必将产生巨大的社会效益和经济效益，这也是今后磁性液体研究工作的重点和热点。

3.3　磁性液体阻尼减振

在日常生活中，我们经常会遇到这样的问题或困扰：道路上汽车的噪声很大、楼上人行走的声音很吵、冲厕所的声音很刺耳……这些问题严重影响着我们的健康生活。在水泵房、空调房、锅炉房、工厂

噪声污染

轿车的减振系统

车间等场所，往往会有较大的噪声产生。如果长期处于这种环境中，就会导致我们的听觉变差，甚至引发一些严重的疾病，同时还会损坏仪器设备。这一切危害的根源就是振动，振动往往给我们的生活带来不便，甚至造成严重的损失。

因此，科学家们在不断探索寻找减小这种有害振动的方法，其中以磁性液体为阻尼介质设计出的磁性液体阻尼减振器具有良好的减振性能，取得了很好的应用效果。

在磁性液体出现之初，将磁性液体应用于阻尼这一设想是由美国磁性液体研究专家 R. E. Rosensweig 最先提出的。美国航天局最先展开了对磁性液体阻尼的研究，并开发出一种用于无线电天文探测卫星的磁性液体黏滞阻尼器。随后，在 1980 年日本的专家 K. Raj 和 R. Moskowitz 对磁性液体阻尼技术的诸多应用进行了研究与总结。之后，应用磁性液体的阻尼器发展出了多种类型，这其中有活塞式磁性液体阻尼器、调谐磁性液体阻尼器、磁性液体胶体阻尼器、多空弹性片状磁性液体阻尼器等。至今为止，在机械、仪器仪表和航天领域中，磁性液体作为阻尼液体应用于阻尼器件中仍然是磁性液体最具潜力的应用之一。

常见的弹簧减振装置

> Tip:【阻尼：是一种物理效应。它广泛地存在于各种日常事物中，指阻碍物体做相对运动，并把运动能量转变为热能或其他可耗散能量的一种作用。消耗运动能量可以是多方面的，界面上的摩擦力、流动物体的黏滞力、材料的内在阻尼等。例如，我们常见的钟摆运动，如果没有外界持续供给能量，由于摆轴间的摩擦力以及空气阻力等，摆动的幅度将逐渐减小直到停动。】
>
> Tip:【阻尼减振：在物体发生振动时，使物体振动的能量尽可能多地耗散在阻尼过程中的方法，称为阻尼减振。】

接下来，我们进一步来了解磁性液体在阻尼减振应用中的原理及特点。

3.3.1 磁性液体惯性阻尼器

磁性液体惯性阻尼器的组成主要有以下几个部分：一个非磁性的惯性质量块，一个安装了永磁体的轮毂（又叫轮圈，俗称轱辘）以及一定量的磁性液体。

磁性液体惯性阻尼器在步进电机中的应用

磁性液体惯性阻尼器的基本原理就是在轮毂与非磁性惯性质量块的间隙中注入磁性液体，在永磁体的作用下，使得非磁性惯性质量块和永磁体之间形成一层磁性液体层，从而使该非磁性惯性质量块悬浮在磁性液体层上。这样就使磁性液体具有了类似于液体滑动轴承的功效，起到了缓冲减振的作用，而且在永磁体的作用下，磁性液体也不会发生泄漏，同时由于磁性液体的黏性作用又会产生最佳的阻尼效果。

例如，在实际应用时将轮毂与电机的转轴固定。当电机加速或减速时，在非磁性惯性质量块的惯性作用下使得稳定时间大幅度缩短，同样也可抑制电机在其共振频域的振幅。当电机匀速转动时，由于轮毂和非磁性质量块是同时回转的，因此几乎没有能量损失。上图为磁性液体惯性阻尼器的基本结构简图。

目前，磁性液体惯性阻尼器使用十分广泛，例如高精度搬运系统、医疗机器、机器人等。

3.3.2 磁性液体阻尼减振器

磁性液体阻尼减振器的工作原理如右下图所示。在一个非磁性的轻金属壳体里面充满磁性液体，在磁性液体中放置一块圆柱形的永磁体，使其浸没在磁性液体里面。根据磁性液体的二阶浮力原理，永磁体将远离外壳内壁，悬浮于磁性液体中。将外壳与振动的物体固定，若壳体做加速度变化的往复振动或旋转振动，外界的振动将引起永磁体与外壳间的相对运动，永磁体受到变化的惯性力作用会在磁性液体中做相应的运动，利用磁性液体的黏滞性及相对运动时

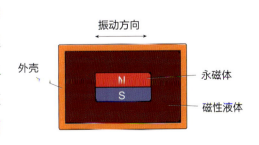

磁性液体阻尼减振器原理图

磁性液体对永磁体施加的运动阻力做的负功,从而将机械能耗散掉,达到减振效果。

> Tip:【二阶浮力原理:指磁性液体可以将浸在其中的比重比磁性液体大的永磁体悬浮起来。浸没于磁性液体中的永磁体受到的浮力大于阿基米德浮力,这个差值称为磁性液体的二阶浮力。磁性液体的二阶浮力现象是由美国科学家 Rosensweig 在 1966 年首次提出的。】
>
> Tip:【流体的黏滞性:所有流体在有相对运动时都要产生内摩擦力,这是流体的一种固有物理属性,称为流体的黏滞性或黏性。】

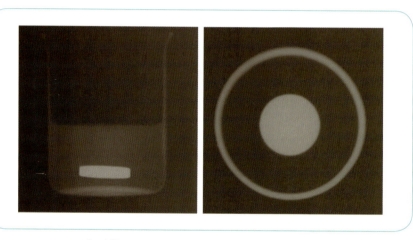

永磁体悬浮在磁性液体中的 X 射线照片
(左边为侧视照片,右图为俯视照片)

科学家经过对磁性液体的选择和对减振器的设计以及在悬臂梁上进行大量的实验分析,得到了磁性液体阻尼减振器具有的良好减振性能:

(1)磁性液体阻尼减振器在所有频率上都对悬臂梁的振动具有减振作用。安装减振器前后弹性悬臂梁振动的衰减率都随着振动频率的增大而增大,随着初始振幅的增大而增大。

(2)同一磁性液体阻尼减振器,当弹性悬臂梁振动频率小于 1Hz 时减振效果最好。

3.4 磁性液体发电

我们都知道,电能在生产和使用过程中比其他能源更容易调控,因此,它是最理想的二次能源。发电就是利用动力装置将水能、石化燃料的热能、核能以及太阳能、风能等转换为电能,用来供应我们生活之需。

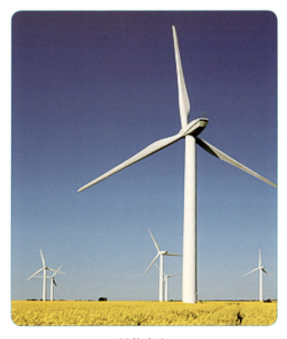

风能发电

一般的发电方法都会产生大气污染以及热污染,对环境十分有害,而利用磁性液体来发电是一种新的发电模式,它具有效率高、环境污染小等优点。如下图所示,左侧有机玻璃管两边加有匀强磁场,用导线将两电极外侧与外接负载相连,磁性液体经测试管道流下,经过磁场时作为导电流体做切割磁感线运动,两电极之间将产生电势差,从而产生感应电流。磁性液体在流动过程中,经过流量计记录其流速,当液体流到底部时被水泵抽到上面,再通过换热管调节流体的温度。整个循环系统通过恒温器和换热管调节温度,与换热管相连的恒温器用来控制恒温器下水槽内水的温度,水槽中的水和换热管外筒里的水进行不断循环,保证经过换热管内筒的磁性液体的温度和恒温器的温度一样。

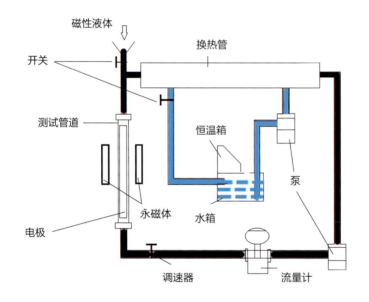

磁性液体发电机工作示意图

磁性液体在发电方面还有一种特别的应用,就是基于磁性液体二阶浮力原理的振动发电技术,通过发电体在三维空间的简单悬浮运动,它可以接受任意方向的振动能。

下面介绍一下振动发电装置的结构设计原理,通常是在非导磁性耐冲击材料构成的容器中,装有高浓度、高稳定性、低黏度(矿物油基)的磁性液体,利用磁性液体的二阶浮力原理,液体中央悬浮永磁体,永磁体被特定的减阻材料包覆。容器外壁放置维度线圈,线圈引线端与负载及指示灯连接成回路。该装置接受外界的振动时会引起永

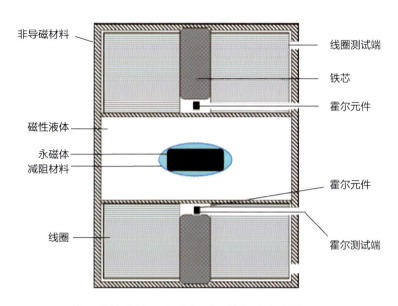

基于磁性液体二阶浮力原理的振动发电装置

磁体与外围线圈的相对运动，使线圈回路的磁通量发生变化，从而产生感应电动势，形成感应电流，此为一个单元的发电，若将多组发电单元连接，即可实现阵列化发电。线圈引线端口固定于容器外壁，该端口可检测线圈的发电状态。线圈内部添加铁芯，铁芯底端有霍尔元件，霍尔元件引线端口固定在容器外壁，该端口可检测磁变化。

内部永磁体的振动频率越快，穿入线圈的磁通量随时间的变化率越大，对应的输出电压越大。此装置可为家庭式间歇使用的电子产品供电，也可将其置于特定环境中间接消除振动能，转有害能量为可利用资源。而且其内部没有固定连接结构，只是简单悬浮，只要容器的抗冲击能力强，一般不会造成发电体系的损坏。

Tip:【热污染：是指现代工业生产和生活中排放的废热所造成的环境污染。热污染可以污染大气和水体。】

Tip:【磁通量：设在磁感应强度为 B 的匀强磁场中，有一个面积为 S 且与磁场方向垂直的平面，磁感应强度 B 与面积 S 的乘积，叫作穿过这个平面的磁通量，简称磁通。】

3.5 磁性液体黏性减阻

我们都知道,日常生活中的液体都是有黏性的,例如应用非常广泛的工业原料——石油、我们平时喝的各种饮料以及本书所提到的磁性液体等。在工程上常见的流体,如水和空气,它们的黏性都比较小,在研究流体运动的某些现象时,黏性常常可以忽略不计,这种理想化的流体称为理想流体或无黏性流体。但是,在某些情况下,即便流体的黏性很小,在复杂路径或长时间运输过程中往往也会在流体当中产生很大阻力,造成额外功率和能量的损耗。

高速行驶的列车

因此,长期以来,在一切涉及黏性流体流动的领域,人们一直都在寻找减小流体阻力的方法。在20世纪90年代中期,科学家们发明了一种新的减阻技术——磁性液体黏性减阻。磁性液体黏性减阻技术是一种新的减阻方法,可以分为内流减阻和外流减阻两种形式,在外加磁场的作用下使磁性液体附着在边界的表面,用柔顺的边界面替代刚性边界面,使边界面随流体的流动而发生同步波动,从而引起层流附着的表面层流速分布的改变,使边界层表面具有一定的流速而不是零，这样就能够减小边界面上流速的变化，从而减小边界面上的剪力，进而减小由于剪力做功而消耗的能量，达到减阻目的。磁场越强，磁性液体饱和磁化强度越高，磁性液体涂层就越稳定，减阻效果就越好。磁性液体黏度越低，交界处阻力越小，减阻效果也越好。有必要指出，磁性液体与所输送的液体不能相溶，这一点对磁性液体黏性减阻的应用至关重要。

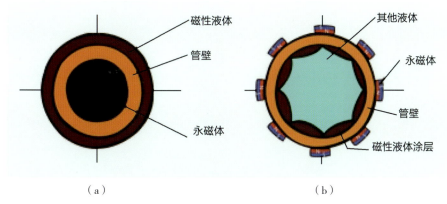

磁性液体黏性减阻原理图

(a) 外流减阻；(b) 内流减阻

磁性液体黏性减阻技术的优点

优　点	说　明
适用范围广	适合运输多种黏度的液体以及软的固体，内、外流均适用
效果明显	在其他条件相同时，同一管道在使用磁性液体黏性减阻时，其流量明显高于不使用磁性液体时的流量
结构简单	不需要体积笨重的辅助设备
节省能量	如果采用永磁体产生的磁场使磁性液体涂层保持稳定，一般情况下在一次充磁后磁性不会下降，不需要稳定的能量消耗，因此节省了能量
寿命长	只要磁场结构设计正确，磁性液体涂层厚度适当，在使用过程中，涂层就不会发生变化。理论上，磁性液体减阻涂层可以长期存在
可控性好	通过电流产生磁场的变化，提供了一个可控的磁性液体光滑柔顺表面，减少了边界面处的流速梯度，增加了边界层的厚度，消除了粗糙度

Tip:【梯度：物理量（例如速度、磁场）沿着变化最快的方向，其单位位移的变化量。这里的流速梯度是指流速变化的大小。】

Tip:【层流：是流体的一种流动状态。当流速很小时，流体分层流动，互不混合，称为层流，或称为片流；逐渐增加流速，流体的流线开始出现波浪状的摆动，摆动的频率及振幅随流速的增加而增加，此种流况称为过渡流；当流速增加到很大时，流线不再清楚可辨，流场中有许多小漩涡，称为湍流，又称为乱流、扰流或紊流。】

磁性液体黏性减阻的优越性能使其具有广泛的应用前景，把它用在船舶航行方面可以减少航行的阻力和噪声，提高航速和声呐的信噪比，降低动力功耗。美国和俄罗斯出于军事需要，竞相研究磁性液体涂层减阻，并成功应用到潜艇推进器上，大大增强和提高了潜艇的隐蔽性和推进速度。

Tip:【信噪比：英文名称叫作 SNR 或 S/N（SIGNAL-NOISE RATIO），又称为讯噪比。狭义来讲是指放大器的输出信号的功率与同时输出的噪声功率的比，常常用分贝数表示，设备的信噪比越高表明它产生的噪声越少。一般来说，信噪比越大，说明混在信号里的噪声越小，声音回放的音质量越高。】

鉴于磁性液体具有以上优良的性能，不得不说，无论是在阻尼减振还是黏性减阻方面，磁性液体都发挥着其他材料不可替代的作用，有着更为广阔的应用前景。

3.6 磁性液体润滑

所谓润滑，就是通过在相互接触并有相对运动的表面添加一些光滑柔顺的物质来减少两摩擦面之间的摩擦，防止其因为摩擦而产生可能的破坏。我们把所添加的物质称为润滑剂。润滑剂不仅能够减少摩擦表面之间的摩擦磨损，还能对摩擦副起冷却、清洗和防止污染等作用。

Tip：【摩擦副：相接触的两个物体产生摩擦而组成的一个摩擦体系称为摩擦副。】

Tip：【选用润滑剂时，一般须考虑摩擦副的运动情况、材料、表面粗糙度、工作环境和工作条件，以及润滑剂的使用性能等多方面因素。】

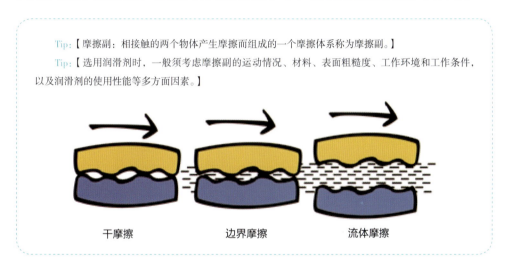

干摩擦　　边界摩擦　　流体摩擦

在机械设备中，润滑剂大多通过润滑系统输配给各个需要润滑的部位。

但是，现有的润滑剂普遍存在的问题是在运动过程中会流失，因此，在工业生产中许多需要润滑的部位常常配有专门的提供润滑剂的设备，这样一方面增加了润滑成本，另一方面泄漏的润滑

润滑油润滑齿轮组

剂浪费了资源。于是，人们开始不断探索防止润滑剂流失的措施。

磁性液体可以作为一种新型的润滑剂。它在外加磁场作用下可以保留在润滑部位，准确地充满润滑表面，且用量较少。在磁场力的作用下，磁性液体润滑剂在润滑过程中可抵消重力和向心力的影响，也不会发生泄漏，还可避免外界尘埃等进入润滑部位，防止污染。采用磁性液体作为润滑剂具有结构简单、维护方便、使用可靠等优点，可用于曲轴、齿轮、轴承以及其他任何具有接触面的运动系统，并可使零件的耐磨性提高7～9倍。

Tip:【向心力：是当物体沿着圆周或者曲线轨道运动时，指向圆心（曲率中心）的合外力作用力。"向心力"一词是从这种合外力作用所产生的效果而命名的。】

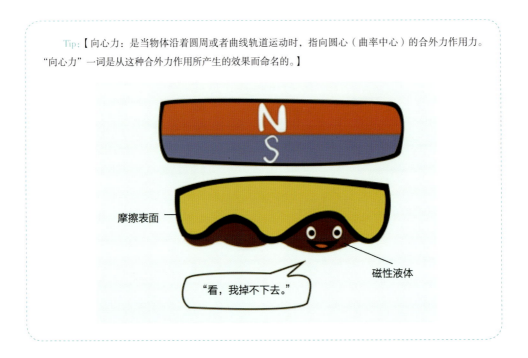

目前的研究已表明，部分纳米颗粒可以作为润滑油脂添加剂而起到减摩、抗磨和降压作用，显示出纳米材料在润滑领域的广阔应用前景。磁性液体中的磁性颗粒的尺寸仅有10纳米左右，因此它不会损坏零部件，且使得磁性液体润滑具有许多独特之处：

（1）由于磁性颗粒为球形，它们在接触表面润滑时可以起到类似

"分子轴承"的作用，从而提高了润滑性能。

（2）通过对磁场的控制可以使纳米磁性颗粒填充到工作表面的损伤处、凹坑和微裂纹部位，起到自补偿修复的作用，在一定程度上实现零磨损。磁性液体在润滑过程中润滑状态稳定，在接触区内不会出现无润滑摩擦，同时又可防止泄漏和外界的污染，因此，在一些工业发达国家，磁性液体已广泛用于润滑。

> Tip:【磁性液体作为润滑剂已有50多年历史，在许多领域都有新的研究成果，目前关于磁性液体润滑的研究还在深入展开。北京航空航天大学池长青教授在磁性液体润滑的理论研究和工程应用方面做出了很大贡献。】

磁性液体作为润滑剂具有以上诸多的优点，同时还能起到密封的作用，因此很有必要使其得到更广泛的应用。近些年来对其研究主要集中在磁性液体润滑滑动轴承上，这种轴承以磁性液体作为润滑剂，在外加磁场的作用下具有稳定的润滑状态，还能起到自润滑、密封的作用，不发生泄漏，有效地延长轴承的使用寿命。实验表明：磁性液体不宜在转速低的情况下做润滑剂，因为这时其摩擦系数大于传统润滑油。但在外加磁场条件下，磁性液体润滑具有明显的优势，如摩擦系数小、发热少等，大大延长了轴承的使用寿命。

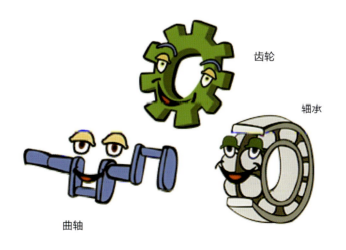

Tip:【摩擦系数：两固体表面之间的摩擦力与正向压力成正比，这个比值叫作摩擦系数。摩擦系数由接触面的性质、粗糙度和（可能存在的）润滑剂所决定。接触面越粗糙，摩擦系数越大。】

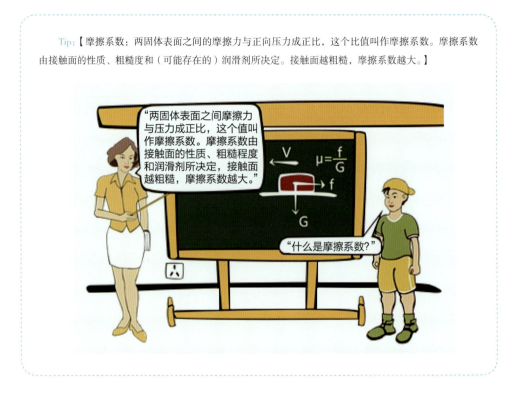

3.6.1 磁性液体轴承电机

随着现代硬盘技术的飞速发展，硬盘转速的提高对电机性能提出了更高的要求，目前，一些专业硬盘厂商已经在其主流产品中使用了磁性液体轴承电机来满足硬盘驱动器高转速、高稳定、低噪声的要求。

磁性液体轴承原理如下图所示，它具有双重密封结构，即由磁性液体与永磁体组成的磁性液体密封，以及利用磁性液体本身黏性和螺旋密封槽形成的黏性密封。这种双重密封结构性能可靠，可以确保磁性液体不泄漏，从而为高速化创造了条件。

轴在旋转时，轴与轴承之间被润滑油膜包围而产生动压，将轴支撑起来。在轴承内壁开设沟槽并与外部相通，构成了磁性液体循

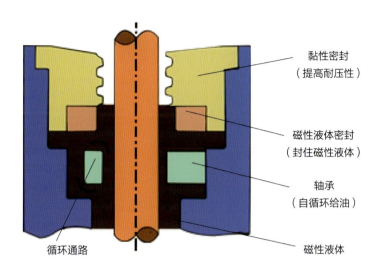

磁性液体轴承

环通路。这种自循环给油方式确保了磁性液体的冷却与润滑,延长轴承的使用寿命。在磁性液体轴承中,轴与轴承之间有油膜隔离,属于悬浮非接触支撑方式,因而轴承的摩擦力几乎无变化,回转精度大幅提高。

磁性液体轴承广泛应用于激光机械驱动电机中。下图所示的是采用磁性液体轴承的电机部件结构图。

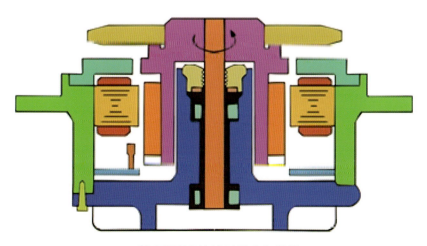

采用磁性液体轴承的电机结构

3.6.2 磁性液体润滑在轧机油膜轴承中的应用

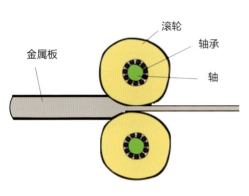

金属轧制过程中的轧机

所谓轧制，是指在机械工业生产中加工金属的一种方法。即让金属坯料通过一对旋转的转轴的间隙，在压力的作用下使得材料截面减小、长度增加。这种压力加工方法是生产钢材最常用的生产方式，主要用来生产型材、板材、管材等。而轧机就是实现金属轧制过程的设备。

轧机轴承的工作条件比较恶劣，轧机工作性能能否有效发挥在很大程度上取决于轴承的润滑情况。轧机轴承采用的润滑方法主要有脂润滑和油润滑。

Tip：【脂润滑的润滑脂兼有密封作用，密封结构和润滑设施简单，补充润滑脂方便，因此只要工作条件允许，轧机轴承一般都采用脂润滑。】

Tip：【油润滑的冷却效果强，并能从轴承内带走污物和水分。】

现在较常用的轧机油膜轴承是基于流体动力润滑原理的滑动轴承，其各主要零件的加工精度、表面粗糙度以及各种相关参数的匹配都非常理想。但使用润滑油润滑时要求非常好的润滑密封，因此，增加了轴承的加工难度，从而增加了其生产成本，同时还需要较大的供油润滑系统。

由于磁性液体中的磁性颗粒有一层特殊液态膜的保护，其物理、化学性质都极为稳定，如果使用磁性液体来润滑轧机轴承，并结合先进制造技术，不仅可以降低轴承的维护费用，还能大大延长轴承的使用寿命，从而降低成本。磁性液体作为新型润滑剂，可以利用磁场在很短的时间内改变润滑油的黏度，以满足变化的油膜承载力，同时可以适应不同的轧制工况。如果使用相同油品的润滑油来平衡不同工况的轧制力，只要改变磁场的大小就可以实现。磁性液体的另一大优点就是可以利用外加磁场来对油膜轴承进行密封，从而可以彻底避免外界杂物和水对轴承的污染，同时也避免了润滑油泄漏对外界的污染，在高速、低速、高温、低温下仍能保持良好的油膜润滑。磁性液体作润滑剂与其他润滑剂相比，在强磁场下其摩擦因数大大降低，磨损减少而且能实现连续润滑。由于铁磁性颗粒极其微小，因而可以起到微

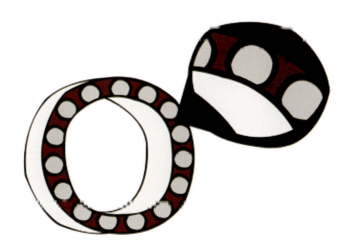

型轴承的作用,将一部分滑动摩擦转变为滚动摩擦,进一步填补和修复摩擦表面的划痕和拉伤,改善润滑剂的润滑环境。

3.7 磁性液体用于医学

在医学上总是存在着这样的困扰,绝大多数治疗手段都会产生一定的副作用,在提高疗效和较少副作用方面往往存在着矛盾。在我们的日常生活中,生病了我们吃的药也或多或少存在副作用,就像人们常说的药吃多了,以后再生病吃药就不管用了,所谓是药三分毒。而磁性液体能够很好地解决这个问题。接下来,我们就一同看看磁性液体在医学中是怎么发挥作用的吧。

3.7.1 靶向给药

靶向给药又称生物导弹,它能够将药物准确无误地运送到人体指定的部位,是一种药物的导向作用,就像射击、导弹准确命中靶心一样,因此称为靶向作用。采用磁性液体也能起到靶向作用,是不是感觉很神奇?那我们就看看磁性液体是怎么做到这一点的吧。

前面我们已经给大家介绍过磁性液体的磁响应特性,磁性液体的流动、形态能够受到外界磁场的控制,根据这一点,我们将磁性液体经过一系列处理后并包覆一层胶囊,然后将治疗所需的药物也导入胶囊中,但药物与磁性液体是分离开的,然后将带有药物的胶囊注射到血液中,通过磁场控制胶囊的移动,将胶囊准确移动到病变部位,然后释放药物,达到了靶向的作用。为了防止磁性液体对病灶部位的影响,我们可以通过控制磁场再将磁性液体移出体外。

Tip:【病灶:人体上发生病变的部分。】

这种方法有什么优点呢？首先，因为药物准确地到达了病灶部位，而不需要考虑药物在其他部位的"浪费"，极大地节约了药物的用量。其次，药物准确地"命中"了病灶部位，在提高疗效的同时又不至于对人体的其他部位产生副作用。

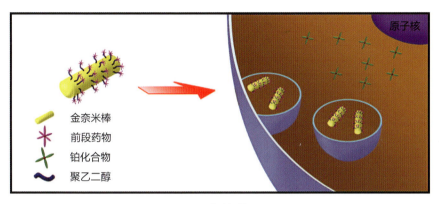

生物导弹

3.7.2　肿瘤的温热——磁熵热效应应用

对癌症的治疗方法的研究一直是全世界研究的热点。一般的药物治疗效果不佳，化疗等方法对身体损坏很大，而磁性液体用于治疗癌症，有着其他方式都不具备的优势。接下来，就让我们一起看看磁性液体是如何在癌症的治疗中发挥作用的。

磁性液体的温度会随着磁场强度的改变而发生改变，即当磁性液体进入较高磁场强度区域时，磁性液体的温度会升高；当离开磁场区域时，磁性液体的温度会下降。我们把这种现象叫作磁性液体的磁热效应。利用这一特性可将磁性液体应用于肿瘤的温热治疗中，研究表明，人体组织中的肿瘤细胞和正常细胞对温热的敏感性具有明显的差异，肿瘤组织细胞的温热敏感性比正常组织细胞高，肿瘤组织超过41℃即开始出现淤血、出血，甚至凝固坏死现象。而一般情况下，温度上升到42.5℃才达到正常细胞维持生理功能的危险点。

科学家通过磁场控制的靶向作用将磁性液体准确送达肿瘤区后，在不停变化的磁场作用下，磁性液体吸收变化的磁场产生的电磁波的能量，并将之转换成热能使肿瘤区发热升温至43℃，以高热杀死肿瘤细胞，而肿瘤组织之外的正常组织由于不含磁性液体，其吸收转换电磁波能量的能力远低于肿瘤组织，且血液流量大、散热快，因而不会遭到任何伤害，达到治疗目的。

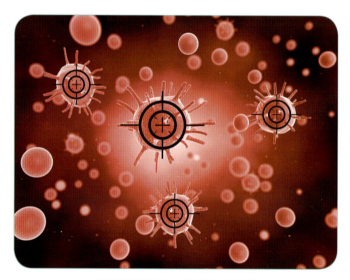

利用磁熵热效应杀死肿瘤细胞

3.8　磁性液体选矿

选矿，是利用不同矿物之间物理的、化学的或物理化学性质的差异，采用各种方法将它们相互分离的工艺过程。比如工人们从矿山开采出的矿石中含有磁铁矿与石英这两种主要的矿物成分，它们的导电性不同，加入一种添加剂，这种添加剂可以吸附在石英表面上却不会吸附在磁铁矿的表面，这样就可以将它们分开，使一种产物主要含有磁铁矿，而另一种产物则主要含有石英，这一分离过程就是选矿。

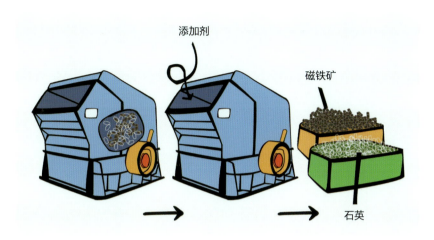

选矿的目的主要有三点：一是富集有用矿物成分。比如，含铁30%左右的贫铁矿经过选矿可得到含铁60%以上的铁精矿，有用的矿物磁铁矿被富集。二是分离两种或几种有用矿物成分。再如，铜、铅的硫化物经常共生在一起，经过选矿可分开它们而分别得到铜精矿和铅精矿。三是除去物料中的有害杂质。如铁精矿中的有害杂质硫和磷可经过选矿去除一部分或大部分，再如高岭土中影响其白度的铁、钛矿物可通过选矿降低其含量，达到要求的标推。

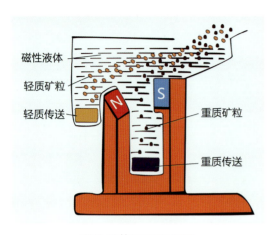

磁性液体选矿原理图

随着磁性液体的出现，磁性液体的良好的流动性和对磁场响应的性质使其在矿物、颗粒的分选分离中也有很好的应用。历史上很多国家的科学家们都对用磁性液体分选进行过研究并得到不错的研究成果，对磁性液体选矿领域的发展产生了巨大的推动作用。

磁性液体分选矿物是几十年前发展起来的分选技术。磁性液体在选矿方面的应用基于其磁悬浮性，即磁性液体对浸入其中的矿粒有独特的磁浮力作用。磁性液体处在磁场中时，随外加磁场的改变磁性液体的密度会发生变化，变化范围为 $1.3 \sim 21 g/cm^3$，施加不同的外加磁场可以将不同密度的非磁性物质悬浮起来。同时，在不均匀外加磁场作用下，磁性液体被高磁场侧所吸引，由于磁性液体的流动性，置于磁性液体中的非磁性物质向低磁场侧漂浮，从而实现了矿物的筛选与分离。磁性液体选矿包括磁性液体动力选矿和磁性液体静力选矿。

磁性液体动力选矿和静力选矿对比

	原　理	特　点	分选类别
磁性液体动力选矿	在磁场与电场的共同作用下，以强电解质溶液作为分选介质，利用矿粒之间的密度、比磁化率和导电率差别使不同矿物分离的一种选矿方法	（1）历史较长、技术亦较成熟；（2）处理能力高达每小时几十至几百吨，成本亦低，但是分选精度低；（3）强电解质溶液均可作为分选介质，例如 NaOH 溶液、NaCl 溶液等	煤、锰和铁矿石

续表

	原 理	特 点	分选类别
磁性液体静力选矿	磁性液体的密度会随外加磁场的改变而发生变化，因而可通过施加不同的外加磁场将不同密度的非磁性物质悬浮起来	（1）分选密度大、成本低、电耗小、无噪声、无污染、分选效率高和精度高；（2）设备简单，操作维护方便，易于实现自动控制	（1）被分选颗粒一般均要求为非磁性颗粒；（2）不宜分选煤泥含量高的物料及过细物料

Tip:【磁化率：表征物质在外磁场中被磁化程度的物理量。】
Tip:【导电率：表示物质传输电流能力强弱的一种测量值。】

磁性液体静力分选法可以对多种矿石进行分选，其主要用于分选有色、稀有和贵金属矿石，如锡、锆、金矿等；黑色金属矿石，如铁、锰矿等；煤和非金属矿石，如金刚石、钾盐等；从工厂金属废料或废旧汽车碎片中回收有色金属及其合金，如锻、锌、铜等；在岩矿鉴定中可代替重液分离；还可用于浮选精矿尾矿的快速分析等。这种分选法对稀土、贵重金属矿物产品的提纯最为有效。

下面我们来介绍几种磁性液体分选技术，从中可以看出磁性液体选矿的神奇效果。

3.8.1 "纯"磁选

Friedlaeader发明的一种"纯"磁选的分选原理是把磁性液体置于高梯度磁场中，由于受到磁力作用，磁性液体里的铁磁性颗粒将发生移动而形成浓度梯度，在这种浓度梯度作用下铁磁性颗粒将产生扩散运动，当上述两种运动的速度相等时，磁性液体里的铁磁性颗粒的运动就达到一种平衡状态。这时在整个磁性液体里就产生了一种浓度分布，由于浓度分布的存在，自然形成了磁化系数梯度。

Tip:【磁化系数：矿物颗粒的磁化强度与外磁场强度的比值，其物理意义是表示单位体积的矿物颗粒在单位磁场强度中磁化时产生的磁矩，是矿物的一个重要磁性指标。】

当待分选的颗粒进入到磁性液体里时，这些颗粒将沿着磁化系数梯度向不同的区域运动，最终各颗粒到达与自身的磁化系数相同的区域里，形成不同磁化系数的物料区，通过排矿口，即可获得不同磁化系数的产品。可见，该方法是按物料的磁化系数进行分选的，被称为"纯"磁选。

"纯"磁选的分选过程与物料的密度、颗粒大小和形状无关，而仅按磁化系数分选，因此它可以分选极细粒的物料。

3.8.2 物料密度分选法

物料密度分选法的分选原理是将待分选的粒状物料与磁性液体一起调成矿浆，然后给入分选器中，在分选器内物料受到离心力和磁力的联合作用，使密度小的颗粒向内运动，而密度大的颗粒向外运动，从而实现按密度分选物料。

M. S. Watgor 发明的分选机由直径 130mm、长 1m 的一根管子组成，磁系由固定在管子里的一对永磁体构成。整个管子可与矿浆一同旋转，物料由顶部给入，底部排出轻、重两种产品。

"我发明了一种 MC 分选法，我的这种方法的特点是分选精度高，物料的密度差 $0.3g/cm^3$，仍可有效分开；适用范围广，密度为 $1.5\sim21g/cm^3$ 的物料均可分选；此外还具有操作简便，分选过程快、安全可靠等优点。"

3.8.3 磁性液体静力跳汰（MHSJS）分选法

MHSJS 分选法的原理是根据磁性液体的特点，利用垂直方向周期性变化的背景磁场，使磁性液体的磁浮力产生周期性变化，位于磁性液体中的矿粒，由于受到变化的磁浮力的作用，而产生垂直振动，并在振动过程中实现不同密度和磁化系数的矿物之间相互分离。

这种方法提高了物料的松散程度，从而减少了机械夹杂；并使分选过程更多地取决于物料的密度和磁化系数，提高了物料的选别效率，尤其是细粒物料的选别效率。

MHSJS 分选机无机械运动部件，故磨损小，并且还具有结构简单、操作方便等优点。

3.8.4 磁性液体旋流器

I. J. Lin 等研究了一种用磁性液体旋流器分离矿粒的选矿技术。该项技术是基于离心力原理和磁性液体静力分选原理的结合，在旋流器中利用磁性液体作分选介质来分选抗磁性物料的选矿方法。

磁性液体旋流器克服了磁性液体静力分选不能处理 100μm 以下粒级的缺点，即它可以分选细粒级物料，且分选密度在 $1.1 \sim 1.5 \text{g/cm}^3$ 范围内任意可调，该方法还具有处理量大的优点。

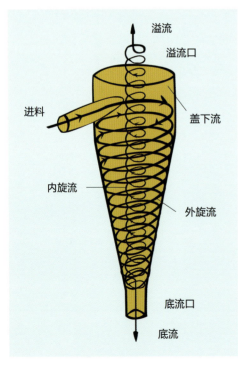

磁性液体旋流器

3.9 磁性液体用于扬声器

随着科学技术的发展和人们生活水平的提高，人们对音响系统的保真度提出了更高的要求，人们希望从音箱发出来的声音能更接近真实的声音。在大型的落地式音响

磁性液体扬声器

系统中，需要进一步扩大动态范围；而在小口径扬声器中，则需要改善低音不足的问题。若把磁性液体应用于扬声器，就能满足上述要求，目前，已经研制出一种新型的扬声器，一般称为磁性液体扬声器。

磁性液体扬声器的结构基本上与一般的扬声器相同，主要区别仅在于在磁气隙中灌入了磁性液体，磁性液体扬声器结构示意图如

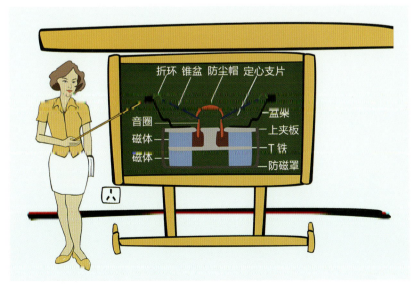

磁性液体扬声器原理图

图所示。这种扬声器的优点是输出功率高、频率特性好、动态范围大，尤其是将磁性液体注入扬声器的音圈气隙对音圈的运动起一定的阻尼作用，并能使音圈自动定位，同时音圈所产生的热量可以通过磁性液体耗散，因此加入磁性液体可以提高扬声器的承受功率，在同样结构条件下可使输入功率提高2倍，并改善频率响应，提高保真度。

与此同时，磁性液体具有一定的黏度，且磁力使它呈一定的水平状态，这样就可以抑制音圈晃动。磁性液体受磁场影响而被吸引至音圈气隙磁场内，当音圈偏移到气隙一侧时磁性液体像一只弹簧一样发挥作用，好像有一股回复力在维持同心度，由此阻止音圈碰撞和蜂音产生，起到定位的作用，这可以省去扬声器中用作定位的弹簧支架片。

磁性液体扬声器与普通扬声器相比，具有如下优点。

3.9.1 承受高功率

提高扬声器所能承受的功率，是设计高保真度扬声器所必须考虑的重要问题之一。

扬声器承受输入功率的能力取决于音圈的耐热性能。扬声器是一个转换器，输入音频信号的电能通过音圈变成机械能，再通过纸盒将机械能变成声能。在此过程中，很大一部分电能变成热能消耗在音圈上。例如，一台消耗功率100W的功放机会输出大约75W的音乐功率和25W的热量；但当75W音乐功率信号传送到扬声器上，则几乎所有功率都成了热量在驱动器内消散了，仅有极少部分信号实在地转换成音乐输出。随着输入音频信号电流的增大，音圈上的温度变得很高，会导致烧断音圈绕线或软化黏胶。

采用磁性液体，能有效地解决散热问题，很大程度上提高扬声器承受输入功率的能力。实验证明，灌注磁性液体能使扬声器承受的功率提高 2 倍以上。例如，日本三洋公司生产的直径为 30cm、功率为 50W 的泡沫金属纸盒低音扬声器，使用磁性液体灌注后使功率提高到 100W。

3.9.2 改善低音音质

磁性液体通常改善信号传输过程中响应稳定的时间，即当信号停止而扬声器随即停止的能力。低音单元在高端频响有一个峰值，磁性液体会将这种情况控制住，使副作用减少。在锥盆移动时，磁性液体能减少在音圈里面和周围产生的一定的机械噪声。

其实音质的改变不仅有你听到的，还有你听不到的。当音圈热起来时，扬声器音质就会改变，通常在以现场的声压级（或更高声压级）播放音乐时的一个扩展的时间周期内出现。由于磁性液体抑制了很多副作用导致的输出功率被压缩，因此采用磁性液体的扬声器的声音特性在整个播放时间内变得更稳定了。

> Tip:【声压/声压级：声波在空气中传播时，空气的疏密程度会随声波而改变，因此，区域性的压强也会随之改变，此即为声压。声压级是指以对数尺衡量有效声压相对于一个基准值的大小，用分贝（dB）来描述其与基准值的关系。人类对于 1kHz 的声音的听阈（即产生听觉的最低声压）为 20μPa，通常以此作为声压级的基准值。】

3.9.3 减少频谱污染

科学家做了一组频谱污染的对比测试，将含有磁性液体的扬声器和不含磁性液体的扬声器分别进行实验，实验结果如下图所示。

事实上，所有扬声器都有一定的蜂音、嘎嘎声等噪声，而扬声器的这些自身产生的噪声趋向于填补音调之间的空间，即使在音调较低的情况下也是这样的。根据实验结果我们能够看出，采用磁性液体的扬声器能够明显降低自身的噪声，减少频谱污染，使音乐的氛围和内

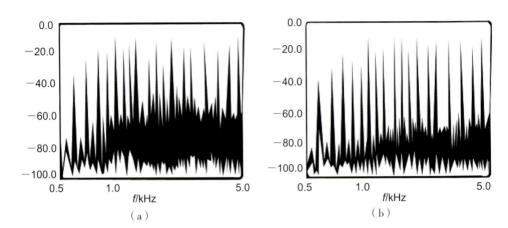

磁性液体对扬声器频谱污染的影响
（a）不含磁性液体时频谱污染；（b）含有磁性液体时频谱污染

在的声音不被扬声器的垃圾声音所遮蔽。

3.9.4　降低共振

骨架是帮助扬声器音圈线缠绕时成形用的，在声音重放中对这一元件的要求十分严格，因为来自音圈的振动必须穿越骨架才达到锥盆或球顶振膜。任何包括骨架在内的共振在到达振膜前都将会污染声音质量，因此，这种不需要的能量将会辐射出去，产生噪声。然而，如果在气隙中注入一定量的磁性液体，骨架受到阻尼作用，共振降低，所以其"噪声"也被减弱了。

一个评估磁性液体效果的方法就是制造一只无锥盆的单元，仅带有音圈、支片和防尘帽，骨架产生的噪声在没有磁性液体时是明显听得见的，然而，有磁性液体的那一只单元就明显静得多。

3.9.5　改善失真

在扬声器中灌注磁性液体还能减小频率失真。一般扬声器在磁隙中磁通的分布很不均匀，这样对音圈的推动力就不平衡，从而造成了频率的失真。磁性液体扬声器中的磁性液体能在磁隙中形成较均匀的磁通分布；同时，灌注磁性液体，还能使音圈与夹板以及夹板与夹板之间保持一定距离，避免了音圈与永磁体之间的摩擦。尤其在大功率

场合，磁性液体能使扬声器振动纸盒的工作状态平衡，从而消除失真现象。

3.10 磁性液体用于印刷产业

3.10.1 纳米磁性油墨在防伪印刷中的应用

> Tip：【磁性油墨从 20 世纪 60 年代开始就在银行、邮政等行业中使用，当时主要用于银行对票据的自动处理、邮政对信件的自动分拣，且仅限于黑色油墨。】

纳米磁性油墨印刷是指采用磁性液体作为磁性油墨的添加剂进行印刷，纳米铁磁性颗粒分散成胶状液，铁磁性颗粒细小，清洁度好，分布均匀，与油墨的连结料亲和良好，饱和磁化强度和剩磁稳定，磁层厚度均匀，黏着牢固，能经受摩擦，这些特点都有利于提高磁性油墨印刷品的性能。相较于传统的磁性颗粒为微米级的磁性油墨，纳米化后的磁性颗粒外观颜色远比微米和次微米的颜料更深，这主要是由于纳米粒子光散射弱，光谱吸收面积变小，光的反射率小于 1%，因此在颜色的外观上就明显较微米和次微米颜料深。

> Tip：【1 微米＝1000 纳米】

因此，为了不断提高磁性油墨的性能，应降低磁性颗粒的粒子大小，提高磁性颗粒的分散性。

3.10.2　快速射流印刷

美国 IBM 公司最先将磁性液体用于印刷行业，这对印刷业的革新具有重要意义。它是用一种特殊的方法将磁性墨水变成小液滴，然后通过计算机控制偏转的磁场，就可以使磁性墨水按一定的形状排列，从而实现快速印刷，磁性墨水就是利用水基的磁性液体加适量的润滑剂等制成的。

下图为射流印刷示意图，首先因压电或磁力不停地将磁墨水变成液滴（A 步），从喷嘴处喷出，经电磁选择器（B 步）进行选择，再通过偏转器控制液滴的运动方向，由于磁性墨水磁矩高，所以在磁场梯度作用下，能定向地从偏转器偏转（C 步）到印刷纸张上（D 步）或回到槽中，并能使墨水液滴按一定形状排列，从而实现快速印刷。

Tip:【磁矩：磁铁的一种物理性质。处于外磁场中的磁铁，会感受到力矩，促使其磁矩沿外磁场的磁场线方向排列。载流回路、电子、分子等都具有磁矩，这里是指磁性液体中铁磁性颗粒具有的磁矩。】

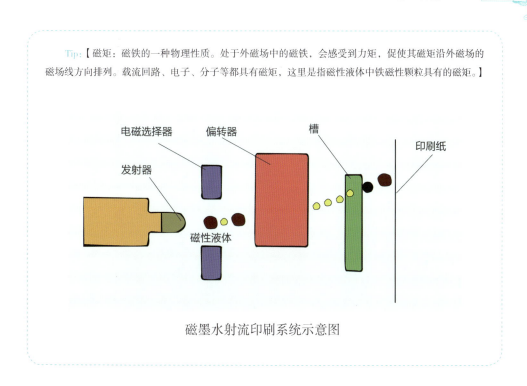

磁墨水射流印刷系统示意图

3.10.3 印染工业污水处理

水污染是当前中国面临的主要环境问题之一，工业废水占总污水量的 70% 以上。特别是在纺织、印染行业，这些行业的工厂产生的废水有机物含量高、pH 变化大、色度高、可生化性差等，这都给废水处理带来巨大困难。

科学家经研究发现，磁性液体在处理高浓度印染废水、降低色度等方面有着十分明显的作用。用磁性液体来处理印染废水可以作为一种无二次污染的新型技术被开发应用，用来大批量地处理废水。

3.11 磁性液体雕塑

雕塑也称雕像，是造型艺术的一种，是雕、刻、塑三种创作方法的总称。它是指用各种固体材料，创造出具有一定空间可视、可触的艺术形象，借以反映社会生活，表达艺术家审美感受、审美情感、审美理想的艺术。

掷铁饼者雕塑

传统的观念认为雕塑是静态的、可视的、可触的三维体，直到现在，人们也一直认为所谓雕塑艺术品都是固体材料制作的，传统的雕塑类型有泥塑、木雕、石雕和玉雕。

然而，随着纳米科技的发展、纳米液体功能材料的出现，雕塑艺术不但突破了三维的、视觉的、静态的形式，而且出现了液态雕塑的作品，且是动态的、随时间改变的艺术作品，这就是磁性液体艺术雕塑。

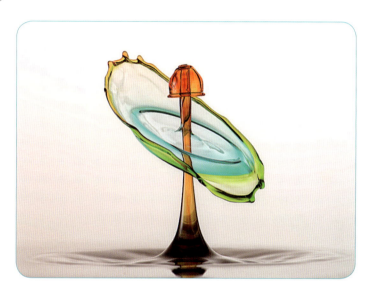

3.11.1 磁性液体艺术雕塑

上面所提到的泥塑、木雕、石雕、玉雕等艺术雕塑作品，所用材料都属于固体材料，而磁性液体艺术雕塑，所用材料就是前面所介绍的具有流动性的磁性液体。磁性液体在磁场的作用下可以整体移动，并在不同的磁场作用下展现不同的形态。

我们前面介绍的磁性液体可以在密封、减振、视听设备的电子仪器及医学中应用，由于人们的定向思维，这些应用基本是从事化学、物理、机械、材料等理工学科或交叉学科的科学家们所为，而在日本、

磁铁吸引磁性液体

美国等发达国家中,有一些艺术家,将艺术与纳米磁性液体功能材料有机结合,创作出磁性液体艺术雕塑作品。艺术家与物理学家、电气工程师合作,应用现代的传感技术、计算机技术,根据环境信息改变磁性液体的形状及运动变化的节奏,将精美神奇的动感图像呈现给人们。看到这里,你的大脑是不是已经开始想象磁性液体千奇百怪的姿态了呢?你是否也想知道磁性液体为何能够变得如此炫丽?是否也想加入到磁性液体的研究队伍中一探究竟呢?

3.11.2 磁性液体雕塑工具

磁场

传统的雕塑艺术,是艺术家们在泥土、木料、石料、玉料等固体材料上,使用雕塑刀、石雕凿、石雕锤、木雕刀等工具,通过自己的双手雕刻而成的。

而磁性液体雕塑却不需要使

用这些摸得着、看得见的工具，而是由永磁体或电磁铁产生的摸不着、看不见的磁场对磁性液体进行雕塑的。

设计不同的磁场，就可以雕塑成不同的液体艺术形态。随着纳米科技、传感技术、计算机技术的发展，可以通过声音等环境的改变，控制（雕塑）磁性液体使其随时间动态变化形成精美形态。就像传统固体雕塑离不开雕塑工具一样，崭新的液体雕塑也离不开磁场，即磁场是磁性液体雕塑的工具，只不过是不同的液体形态由不同的磁场雕塑而成。

3.11.3 磁性液体雕塑形态

通过上述的介绍我们已经知道磁性液体在磁场的作用下会产生磁响应，表现为有凸起的产生。那么，磁性液体在不同方向和强度的磁场作用下会表现出哪些不同的现象呢？下面让我们通过一个小小的实验来说明。

实验台上有两个电磁铁、一个时间继电器、电源和一小瓶磁性液体。首先用吸管将磁性液体从瓶中吸出并放在一个蒸发皿上，两个电磁铁分别放置在中心板的上下两面，并使二者同极相对，磁场强度的增强或减弱由两块电磁铁独立控制，这时我们就能观察到蒸发皿上的磁性液体能够在两个电磁铁产生的磁场范围内，随着电磁铁磁场强弱的改变而呈现出不同形状的变化。

> Tip:【继电器：也称电驿，是一种电子控制器件，它具有控制系统（又称输入回路）和被控制系统（又称输出回路），通常应用于自动控制电路中，它实际上是用较小的电流去控制较大电流的一种"自动开关"。故在电路中起着自动调节、安全保护、转换电路等作用。
>
> 时间继电器：是指当加入或去掉输入的动作信号后，其输出回路需经过规定的准确时间才产生跳跃式变化或触头动作的一种继电器，是一种使用在较低的电压或较小电流的电路上，用来接通或切断较高电压、较大电流的电路的电气元件。】

电磁铁产生的磁场是通过电流控制的,当电流等于零时,相当于没有磁场,此时,磁性液体在板上呈现出平坦的表面,纳米磁性颗粒均匀分布;当下面的电磁铁产生磁场时,即逐渐改变下面电磁铁的电

磁性液体小凸起

流强度，一些凸起也逐渐出现在磁性液体的表面。

随着电流逐渐增加，磁场强度也逐渐增加，磁性液体表面小凸起的数量也逐渐增加，直到呈现一个尖峰的半球，形态就像一个浮在海面上的海胆。

 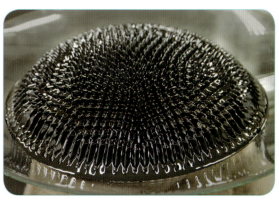

海胆　　　　　　　　　　　　　　磁性液体"海胆"

当改变上面电磁铁的电流，上面电磁铁产生的磁场也开始对磁性液体进行雕塑，且使两个电磁铁的同极相对，上下电磁铁产生的磁场相互排斥。当增强上面电磁铁的磁场强度时，尖峰半球向外扩展，变化成中央射线。

磁性液体中央射线

当下面电磁铁的磁场强度减弱时,中央射线将消失,整体呈现一个凹圈形状。由于磁力的作用,磁性液体的表面张力变强,收缩加大,磁性液体的表面被雕塑得更加平滑。

Tip:【表面张力:是一种物理效应,它使液体的表面总是试图获得最小的、光滑的面积,就好像它是一层弹性的薄膜一样。】

磁性液体凹圈形状

当改变上下电磁铁中的一个电磁铁的电流方向,起初我们会看到磁性液体会像一座座山峰一样从液体表面缓缓升起,增大位于上方电磁铁的磁场强度,我们会看到一座最高的"山峰"渐渐凸起,坐落在群山中间。

磁性液体最大的凸起

继续增大上面电磁铁的磁场强度，磁性液体表面的"山峰"在磁场的雕塑下不断增多，位于中央的凸起继续生长，并开始向上面的电磁铁靠近，我们将看到磁性液体神奇地从下往上运动。

磁性液体运动

在一个盛有磁性液体的平板中矗立着一座螺旋状的塔。当塔周围的磁场增强时，磁性液体峰塔从板底产生，向上移动，在铁螺旋塔的边缘抖动、旋转。右图显示的就是螺旋状的塔被无数个磁性液体尖峰覆盖。

磁性液体尖峰在螺旋状的锥体边上旋转，尖峰变大或变小由磁场强度决定。通过运用电脑，其形状的变化及运动可以与旋转速度及节奏相符。

磁性液体形态塔

下页图是磁性液体形态双塔，是两个直立的金属螺旋体放置在处于磁场环境的磁性液体中，当音乐奏响时，塔周围的磁场增强，磁性液体尖峰由下向上移动，并且在铁螺旋塔的边缘旋转，你就会看到

"两个黑色的龙卷风随着音乐翩翩起舞"。磁性液体随音乐而动,好像在呼吸,而且磁性液体的表面变化复杂,有时像喇叭,有时像杉树,有时甚至像巴别塔,非常精美。

双形态塔

结 束 语

　　讲到这里，关于磁性液体无论是它的性质还是各种应用都已经介绍完了，现在的你是否对磁性液体有了一定的了解呢？神奇的磁性液体对你来说是否依旧神秘呢？正如前面所说，现在人们对磁性液体的研究虽然已经有了很大的发展，但磁性液体的潜力还远远没有发挥出来，目前磁性液体在很多领域的应用还处于空白状态，并且在已应用的领域还有待提高其更广泛的应用。因此，磁性液体更大的潜力还需要年轻人不断地发掘和利用，使磁性液体不再神秘。

参 考 文 献

[1] 李德才. 磁性液体理论及应用［M］. 北京：科学出版社，2003．147-151.
[2] 李德才. 磁性液体密封的理论及应用［M］. 北京：科学出版社，2010．112-113.
[3] 李德才，洪建平，杨庆新. 干式罗茨真空泵磁流体密封的研究［J］. 真空科学与技术，2002，22（4）：317-320.
[4] Li D（李德才），Xu H（许海平），et al. Mechanism of magnetic liquid flowing in the magnetic liquid seal gap of reciprocating shaft［J］. Journal of magnetism and magnetic materials, 2005, 289: 407-410.
[5] 李德才，董国君. 磁性流体及其在润滑，密封，阻尼中的应用［J］. 化学工程师，1995（2）：11-14.
[6] Li D（李德才），Xu H（许海平），et al. Theoretical and experimental study on the magnetic fluid seal of reciprocating shaft［J］. Journal of magnetism and magnetic materials，2005，289: 399-402.
[7] 李德才. 磁性液体往复密封的理论及应用研究［D］. 北方交通大学博士论文. 北京：北方交通大学，1995.
[8] 李德才，杨文明. 大直径大间隙磁性液体静密封的实验研究［J］. 兵工学报，2010（3）：355-359.
[9] 陈燕，李德才. 坦克周视镜磁性液体密封的设计与实验研究［J］. 兵工学报，2011，32（11）：1428-1432.
[10] 钱晨，李德才，赵晓光. 磁性液体在生物医学领域中的应用研究［J］. 材料导报网刊，2009，4（2）：9-11.
[11] 刘丁雷，李德才. 磁流变液的发展及应用［J］. 新技术新工艺，1999（6）：14-15.
[12] 杨文明，李德才，冯振华. 磁性液体阻尼减振器的实验研究［J］. 振动与冲击，2012，31（9）：144-148.
[13] 崔海蓉，李德才，孙明礼，等. 磁性液体水平传感器的实验研究［J］. 北京交通大学学报，2008，32（4）：33-35.

［14］Raj K, Moskowitz B, Casciari R. Advances in ferrofluid technology［J］. Journal of magnetism and magnetic materials, 1995, 149（1）: 174-180.

［15］Scholten P C. The origin of magnetic birefringence and dichroism in magnetic fluids［J］. IEEE Transactions on magnetics, 1980, 16（2）: 221-225.

［16］Popa N C, Potencz I, Anton I, et al. Magnetic liquid sensor for very low gas flow rate with magnetic flow adjusting possibility［J］. Sensors and Actuators A: Physical, 1997, 59（1）: 307-310.

［17］李强，宣益民，李锐. 非均匀磁场中磁流体热磁对流的实验研究［J］. 工程热物理学报, 2006, 27（4）: 676-678.

［18］尹荔松，沈辉，张进修. 磁性液体的特性及其在选矿中的应用［J］. 矿冶工程, 2002, 22（3）: 51-53.

［19］邓隐北. 磁流体轴承在电动机中的应用［J］. 机电工程, 1993（4）: 44-45.

［20］洪若瑜. 磁性纳米粒和磁性流体制备与应用［M］. 北京: 化学工业出版社, 2008. 232-235.

［21］张维胜. 倾角传感器原理和发展［J］. 传感器世界, 2002, 8（8）: 18-21.

［22］蒋秉植，杨健美. 磁性流体的制备，应用及其稳定性的解析［J］. 化学进展, 1997, 9（1）: 69-78.